콘크리트 실무지침 KCI PM203.2-14

콘크리트 구조물의 철근 부식 진단과 방지 대책

특수환경콘크리트위원회

사단법인 한국콘크리트학회 Korea Concrete Institute

발간사

올해에 우리 학회는 벌써 창립 25주년이 되었습니다. 그동안 우리 학회는 본연의 역할인 해당 분야의 학문과 기술을 향상시키면서 모범 전문학회로서 크게 성장하여 왔습니다. 특히 지난 학회 20주년을 기념하여 보다 체계적인 참고문헌을 발간하기 위하여 '콘크리트실무지침편찬특별위원회'를 구성하여 전문서적을 꾸준히 발간하여 왔습니다.

이 특별위원회(당시 위원장 김상식 명예회원)는 2009년에 처음으로 구성되어 많은 노력 끝에 2010년 말 처음으로 『해양 콘크리트의 염해 내구성 및 설계』, 『매스 콘크리트의 온도 균열 제어』, 『고유동 콘크리트의 제조 및 시공』, 『콘크리트 구조물 이음의 설계 및 시공』, 『콘크리트 양생』 등 5권의 실무매뉴얼을 발간한 바 있습니다. 그 후 2011년 특별위원회는 학회 연구전문위원회의 도움을 받아 출판을 기획하여 『건축 포스트텐션 시스템』, 『PS 긴장재의 시공, 긴장관리 및 그라우팅』, 『콘크리트 장기거동 해석 및 적용』, 『폴리머 콘크리트 복합체의 제조 및 시공』, 『콘크리트 구조물의 방수기술』, 『레디믹스트 콘크리트 품질 문제의 원인 및 대책』, 『콘크리트 제조, 운반 및 타설』 등 7개의 실무매뉴얼을 2012년에 발간하게 되었습니다. 그리고 2012년, 2013년, 2014년에 각각 6개씩 기획된 18개의 실무지침이 현재 작성 중에 있으며, 이 중에서 『국내외 주요 기준의 휨-압축 부재 설계 및 예제』, 『콘크리트 구조물의 철근 부식 진단과 방지 대책』, 『섬유보강 고인성 시멘트 복합재료의 구조적 이용과 성능 평가』, 『프리스트레스트 콘크리트 건축물과 플랜트 구조물의 설계 및 공법』, 『수중구조물의 점검 및 보수보강 지침』, 『시스템 거푸집의 설계와 시공』 6권을 이번에 발간하게 되었습니다. 지난번 발간사에서도 밝힌 바와 같이 이번 발간물도 마지막이 아니고 앞으로 계속 많은 실무지침을 발간할 예정이며, 이미 발간된 매뉴얼도 계속 수정해 나갈 것입니다. 아무쪼록 집필자들의 노력으로 발간된 각종 실무지침들이 회원과 독자 여러분에게 큰 도움이 되기를 바랍니다.

끝으로 지난 몇 년 간 어려운 여건 속에서도 열심히 노력하시어 실무지침을 작성하여 주신 집필책임자 이재훈 회원, 장승엽 회원, 윤현도 회원, 강현구 회원, 김완영 회원, 정하선 명예회원과 집필위원 여러분에게 감사드리며, 세심한 검토를 해주신 특별위원회 여러 위원님들에게도 감사드립니다.

2014. 12.

사단법인 한국콘크리트학회

콘크리트실무지침편찬특별위원회 위원장 김 진 근

학회 회장(13대) 정 란

머리말

최근 우리나라뿐 아니라 전 세계적으로 사회기반시설이 빠르게 노후화되어 가고 있어 구조물의 보수 및 보강기술에 대한 관심이 어느 때보다 높아지고 있습니다. 특히 과거에 내구성에 대한 인식이 높지 못할 때 건설된 콘크리트 구조물에서 철근 부식에 의한 성능저하가 빈번하게 발생하고 있어서 철근 부식의 진단과 부식방지 대책, 철근 부식 보수공법 등에 대한 수요가 점차 늘어날 것으로 예상됩니다. 하지만 연구자들이 연구에 참고하기 위한 자료가 대부분이고, 실무자들이 현장에 적용할 때 참고할 수 있는 내용을 체계적으로 정리한 실무지침이 없어 많은 어려움이 있었습니다. 이에 우리 학회 특수환경콘크리트위원회(KCI-203)에서는 '콘크리트 구조물의 철근 부식 진단과 방지 대책'이라는 제목으로 실무자들이 유용하게 참고할 수 있는 실무지침을 집필하게 되었습니다.

이 실무지침에서는 철근 부식의 기초 이론에서부터 조사·진단방법, 신설 구조물의 방식공법, 그리고 기존 구조물의 철근 부식 보수공법 등을 일목요연하게 정리하여 현장의 기술자들이 보다 쉽게 필요한 정보를 얻을 수 있도록 노력했습니다.

이 실무지침을 준비하면서 여러 위원들께서 초고를 다듬고 보완해 주셨지만 아직 부족한 부분이 많은 것도 사실입니다. 이 실무지침이 현장 기술자들의 눈높이와 기대에 얼마나 부응할 수 있을지 걱정부터 앞서지만, 이번 초판 발간으로 실무지침 작성이 완전히 끝나는 것이 아니라 앞으로도 지속적으로 부족한 내용을 보완하고 더 다듬어 나가도록 하겠습니다. 아무쪼록 부족한 부분이 있더라도 너그러운 마음으로 이해해 주시고, 따가운 질책과 의견을 가감 없이 전달해 주시기 바랍니다.

그동안 이번 실무지침을 집필하는 데 수고를 아끼지 않으셨던 미국 Rutgers 대학의 이승경 박사님과 충남대학교 김규용 교수님, 그리고 검토위원으로 애써 주신 한국해양대학교 박동천 교수님, 한양대학교 태성호 교수님, 쌍용양회 이웅종 책임연구원께 다시 한번 감사의 말씀을 전하고 싶습니다. 또한 실무지침 발간위원회를 이끌어 오시며 지속적인 관심과 격려를 아끼지 않으셨던 김진근 전임 회장님과 안동대학교 배수호 교수님께도 감사의 말씀을 올립니다.

2014. 12

특수환경콘크리트위원회(KCI 203) 위원장 장 승 엽

| 집필위원 |

집필책임자	장승엽(한국철도기술연구원)
집 필 위 원	이승경(미국 룻거스대) 김규용(충남대학교)

| 검토위원 |

검 토 위 원	김은겸(서울과학기술대학교), 배수호(안동대학교)

| 발간물심의위원회 |

위 원 장	최재진(공주대학교)
위 원	배수호(안동대학교), 강석화(JNT INC) 정해문(한국도로교통연구원), 박선규(목원대학교)

| 실무지침편찬특별위원회(2014.12 현재) |

위 원 장	김진근(KAIST)
고 문	김상식(인하대학교), 정영수(중앙대학교), 정하선(한국콘크리트학회 공학연구소)
간 사	배수호(안동대학교)
위 원	김대중(삼성물산(주)건설부문), 김은겸(서울과학기술대학교) 김종호((주)창민우컨설탄트), 박홍근(서울대학교), 박홍기((주)태조엔지니어링) 서석구((주)서영엔지니어링), 신현목(성균관대학교), 연규석(강원대학교) 이광명(성균관대학교), 이재연(목원대학교), 정광량((주)동양구조안전기술) 최동욱(한경대학교), 한천구(청주대학교)

차 례

제 1 장

서론

콘크리트 구조물은 내진성, 내화성, 내구성이 우수하여 건축·토목구조물에 널리 사용되고 있다. 그러나 국내에서는 급격한 콘크리트 구조물의 증가로 양질의 자재가 부족해지면서 품질이 낮은 재료를 사용한 구조물이 시공되는 사례도 있었고, 구조물의 내구성 및 사용성에 대한 국가·사회적 요구나 인식이 부족했기 때문에 일부 구조물에서는 탄산화 및 염해로 인한 철근 부식이 발생했거나 잠재적으로 발생할 우려가 있는 구조물이 다수 존재하고 있는 것으로 파악되고 있다.

또한 최근에는 대형 해상교량이나 해상 풍력발전시설과 같은 해양환경에 노출되는 콘크리트 구조물이 크게 늘어나고 있으며, 기후변화로 인해 폭설이 잦아지면서 제설염의 사용이 증가하는 등 점차 철근 부식이 쉽게 발생할 수 있는 환경에 노출되는 콘크리트 구조물이 늘어나고 있는 실정이다.

콘크리트 구조물의 내구성과 사용성의 향상을 위해서는 새롭게 시공되는 철근콘크리트 구조물의 내구성을 높일 수 있도록 내구성 설계기법을 확립해야 하고, 철근 부식이 발생한 기존 콘크리트 구조물에서는 철근 부식의 원인과 실제 현상에 기초한 보수·보강공법의 시스템화를 도모해야 한다.

이에 특수환경콘크리트위원회에서는 철근 부식의 발생 메커니즘과 부식 진단 방법, 신설 구조물의 철근 부식 방지를 위한 설계 시 대책, 보수·보강공법 등을 총망라하여 실무자들이 콘크리트 구조물의 철근 방식 설계와 유지관리를 계획하고 시행하는 데 도움이 되고자 하였다.

제 2 장

철근 부식의 원리와 주요 영향인자

2.1 개요

콘크리트는 pH 13.0 내외의 고알칼리 상태에 있기 때문에 철근 주위에 부동태 피막(passive film)이라 불리는 보호막이 형성되어 부식을 억제한다. 하지만 외부환경으로부터 침투하거나 혹은 콘크리트 내부에 이미 존재하고 있는 염소이온 또는 산성 음이온이 일정량 이상이 되거나 pH가 낮아지게 되면, 철근 주위의 부동태 피막이 파괴되고 철근은 부식하기 쉬운 상태가 된다.

부동태 피막이 파괴되면 콘크리트의 각종 결함이나 밀실 정도의 차, 염소이온과 알칼리 농도의 차와 같은 불균일성 또는 강재 표면의 화학적 불균일성 때문에, 강재 표면의 전위는 국부적으로 불안정하게 되어 전위차가 발생하고 전류의 흐름이 생겨나면서 그림 2.1과 같이 부식반응이 시작된다.

부식현상은 다음과 같은 전기화학적 반응으로 설명할 수 있다.

양극반응 $Fe \rightarrow Fe^{2+} + 2e^{-}$ (2.1)

음극반응 $H_2O + 1/2O_2 + 2e^{-} \rightarrow 2(OH)^{-}$ (2.2)

전체반응 $Fe + 1/2O_2 + H_2O \rightarrow Fe(OH)_2$ (2.3)

위 식과 같이 부식반응은 양극반응(anodic reaction)과 음극반응(cathodic reaction)으로 이루어져 하나의 전지를 구성한다. 부식전지는 양극부(anode)와 음극부(cathod)의 거리에 따라 조금 떨어진 위치에서 생기는 매크로셀(macrocell)과 비교적 가까운 거리에서 생기는 마이크로셀(microcell)로 나누어지는데, 매크로셀은 마이크로셀에 비해 전위차가 크기 때문에 부식속도가 대단히 빠르다.

염소이온이 존재할 때에는 양극부(anode)가 음극부(cathod)에 비해 상대적으로 매우 작은 경우가 많기 때문에 염소이온에 의한 철근 부식은 공식(孔蝕, pitting corrosion)의 형태가 되는 경우가 많다. 공식은 프리스트레싱 텐던 등과 같이 취성(brittleness)이 강한 재료에서는 공식된 부위가 하나의 노치(notch)로 작용할 수 있으므로 특히 위험할 수 있다.

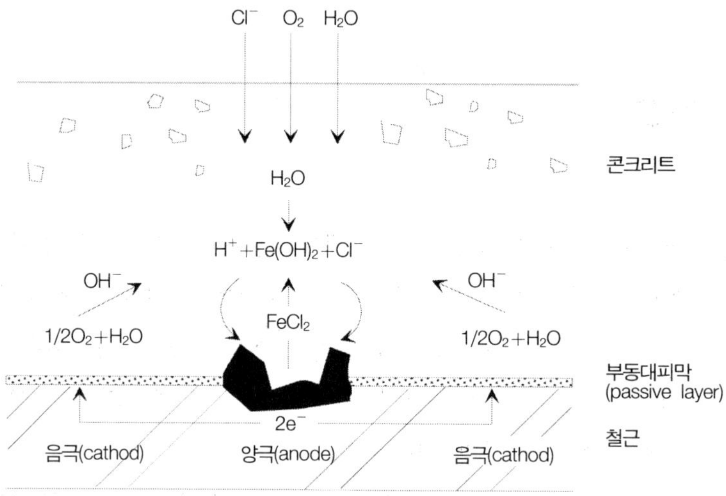

그림 2.1 **염소이온에 의해 유발되는 철근 부식 모식도(Kropp and Hilsdorf, 1995)**

2.2 전위-pH 곡선과 양극분극 곡선

콘크리트 중의 철근이 부식하기 쉬운 활성 상태 또는 부동태 상태에 있는가는 철의 전위를 측정하여 예측할 수 있고, 전위차는 ASTM C 876 및 KS F 2712의 시험 방법을 이용하여 측정할 수 있다(콘크리트학회, 2011). 그러나 전위차에 의한 방법보다 더욱 유용한 방법은 철의 전위와 pH를 동시에 측정하여 나타내는 Pourbaix 다이어그램을 이용하는 것이다(Pourbaix, 1976).

그림 2.2(a)는 염소이온을 함유하지 않은 경우이고 그림 2.2(b)는 염소이온을 355ppm (10^{-2}g/l) 함유한 철근의 전위-pH 곡선, 즉 Pourbaix 다이어그램을 보여주고 있다. 염소이온을 함유하지 않는 용액 중의 철근이 그림 2.2(a)의 ②영역에 있으면 철근 표면은 부동태 상태에 있으며 따라서 부식이 억제된다. 반면 Cl^-이온을 함유한 용액 내에서는 철근이 그림 2.2(b)에서와 같이 pH<6인 영역에 있는 경우 부동태화가 일어나지 않고 전면부식 영역 ①에 존재하게 된다. pH>6인 영역에 있는 경우는 철근의 전위에 따라 공식 영역(②), 불완전 부동태 영역(③), 완전 부동태 영역(④)이 각각 존재하게 된다. 만약 염소이온 농도가 더 높아지면 공식 영역이 오른쪽 아래로 확장된다.

콘크리트 중에서 철근의 부식거동은 정확히 알칼리 용액 내에서와는 동일하지 않지만, 이 전위-pH 곡선으로부터 대략적인 부식거동을 예측해 볼 수 있다. 만약 염소이

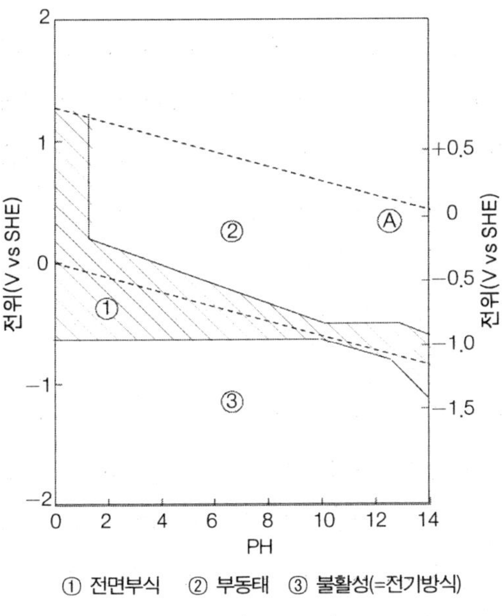

(a) 염소이온을 함유하지 않은 경우

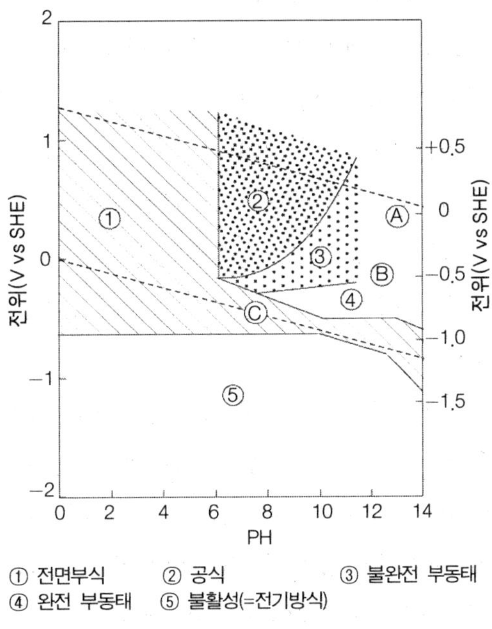

(b) 염소이온을 10^{-2}g/ℓ 함유한 경우

그림 2.2 **Pourbaix diagram(김문한 외, 1991)**

온을 함유하지 않은 콘크리트 중에서 pH가 12.5일 때 철근의 전위가 A점에 위치하면 철근은 부동태 영역에 존재하고 부식이 억제된다. 반면에 염소이온을 함유하게 되면 콘크리트 중에서도 공식 또는 불완전 부동태 상태에 이를 수 있다. 하지만 염소이온 농도가 어느 한계치 이하이면 철근은 B점과 같이 부동태 영역에 존재할 수 있다. 이 한계값을 부식임계 농도(corrosion threshold or critical concentration)라고 한다. 만약 pH가 낮아져 C점에 위치하게 되면 철근은 전면부식이 발생하게 되며, 전기방식에 의해 전위를 낮추어 ⑤영역으로 이동시키면 철근의 부식이 방지된다.

앞서 설명한 전위-pH 곡선으로는 부식이 발생하는지 여부를 판단할 수 있을 뿐 부식속도를 알 수는 없다. 부식속도는 양극과 음극반응 중 느린 쪽에 의해 결정되는데, 이것은 철의 전위-전류밀도 곡선, 즉 양극분극 곡선으로부터 알 수 있다. 여기서 분극이라는 것은 부식전류가 흐를 때와 흐르지 않을 때의 전극전위의 차를 의미하고, 이는 부식반응의 지체현상에 의해 생긴다. 알칼리 용액에서 철을 양극으로 해서 전위를 높게 변화시켜 이때의 전류를 측정하면 양극분극 곡선을 얻을 수 있다. 철의 양극분극 곡선은 일반적으로 그림 2.3과 같은 형태를 띠게 되는데 여기서 전류밀도가 곧 부식반응속도를 나타낸다.

그림 2.3에서 VA-VC 전위 영역에서는 철은 활성태(activity or de-passivation)를 나타내고 전위의 상승과 더불어 용해속도가 증가하지만, VC-VE 전위 영역에서는 부동태화(passivation)되고 거의 용해되지 않는다. 그러나 실제 콘크리트 중에서는 철근이 처음부터 부동태화 되어 있기 때문에 VA-VC 전위 영역은 나타나지 않고 그림의 실선부분만 나타나게 된다. 콘크리트 중에 염소이온이 존재하면 전류가 증가하여 곡선은 화살표를 따라 이동하게 되는데, 이와 같이 공식이 발생하기 시작하는 한계전위를 공식전위라 한다.

한편, 공식이 발생한 철의 전위를 다시 음(−)의 방향으로 이동시키면 어느 일정 전위에서 공식의 진행이 멈추게 되는데, 이 전위를 공식정지전위 또는 재부동태화(re-passivation)전위라 한다. 만약 이 전위보다 낮은 상태로 유지된다면 더 이상 공식은 진행되지 않는다. 또 철의 전위가 더욱 낮아져 VA-VC 전위 영역으로 이동하면 다시 철이 활성 상태가 되어 용해된다. 그러나 다시 전위가 VA 전위보다 낮아지면 마침내 부식이 방지되는데 이것이 곧 음극방식의 방식전위가 된다.

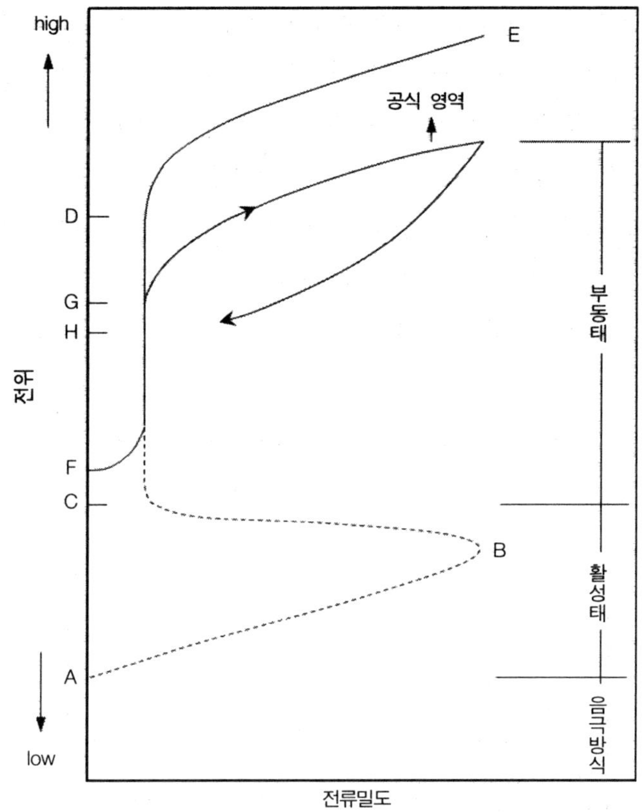

그림 2.3 **철의 양극분극 곡선(김문한 외, 1991)**

2.3 철근 부식의 주요 영향인자

1) 염소이온 농도

콘크리트 중의 철근 부식을 유발하는 염소이온 임계 농도에 관해서는 지금까지 많은 연구가 이루어져 왔으나, 가장 불확실한 문제의 하나로 남아 있다. 부식임계 농도는 여러 가지 영향인자에 따라 크게 달라지기 때문에 명확한 정의를 내리기가 매우 어렵다. Hausmann(1967)의 연구에 따르면, 포화 수산화칼슘 용액 내에서는 대략 0.02M(700ppm)의 염소이온 농도를 그 한계치로 볼 수 있다(그림 2.4).

그러나 실제 콘크리트 내에서는 배합특성에 따라 크게 차이가 있다. 그림 2.5는 염소이온을 혼입한 콘크리트 공시체를 7년간 외기에 노출하여 염소이온량과 부식면적률과의 관계를 관찰한 결과를 나타낸 것이다(오병환 외, 1995). 이 결과에 따르면 물-시멘트비에 따라 부식이 발생하는 염소이온의 양이 큰 차이를 나타내므로, 콘크리트 중량에 대한 절대량으로는 부식임계 농도를 명확히 정의하기 어렵다. 이런 이유로 기존 연구에서 제시된 부식임계 농도는 연구자들마다 큰 차이가 있고 매우 넓은 범위에 분포하고 있다(한국콘크리트학회, 2011).

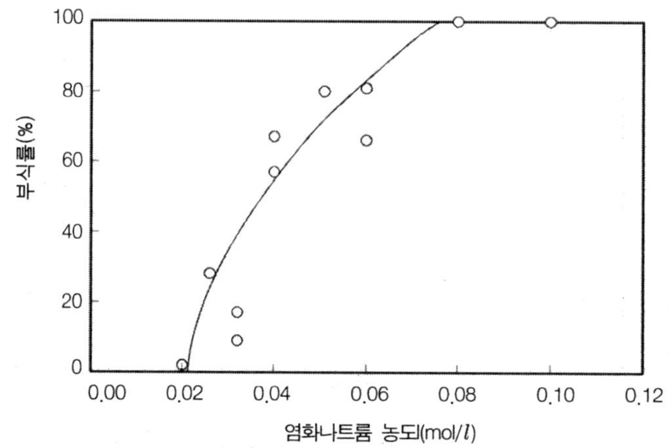

그림 2.4 **염소이온을 함유한 포화 수산화칼슘 용액 내 부식발생률(Hausmann, 1967)**

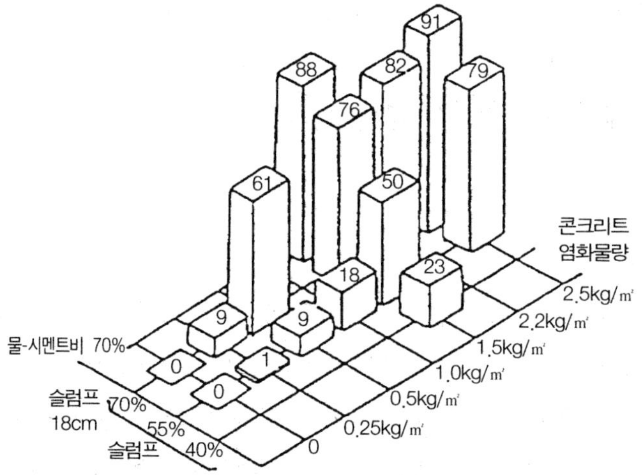

그림 2.5 **물-시멘트비에 따른 염소이온량과 부식면적률 관계(오병환 외, 1995)**

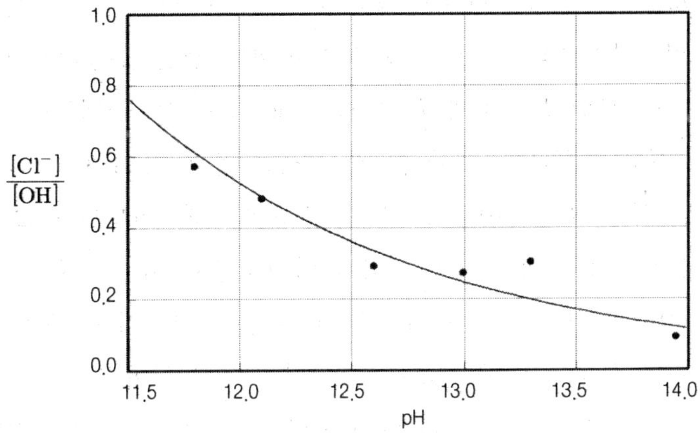

그림 2.6 **pH에 따른 부동태피막이 파괴되는 임계[Cl^-]/[OH^-](Gouda, 1970)**

부식임계 농도를 나타내는 다른 방법으로 염소이온과 알칼리도의 상대적인 비교를 들 수 있다. 콘크리트 중의 알칼리성 성분은 철근 표면에 보호성 부동태 피막을 형성하여 강재를 부식으로부터 보호한다는 것은 이미 서술한 바와 같다. Cl^-과 OH^-의 농도비는 이러한 부동태 피막의 상태를 나타내는 중요한 인자이다. Hausmann(1967)은 시멘트 경화체의 세공 용액보다 낮은 수준의 알칼리도(pH=12.5)를 갖는 포화 수산화칼슘 용액을 제조하여 철근을 침지한 실험을 통해 세공 용액 중의 [Cl^-]/[OH^-]가 0.6을 초과할 때 부동태막의 파괴에 의한 강재의 부식이 발생한다고 보고하였다.

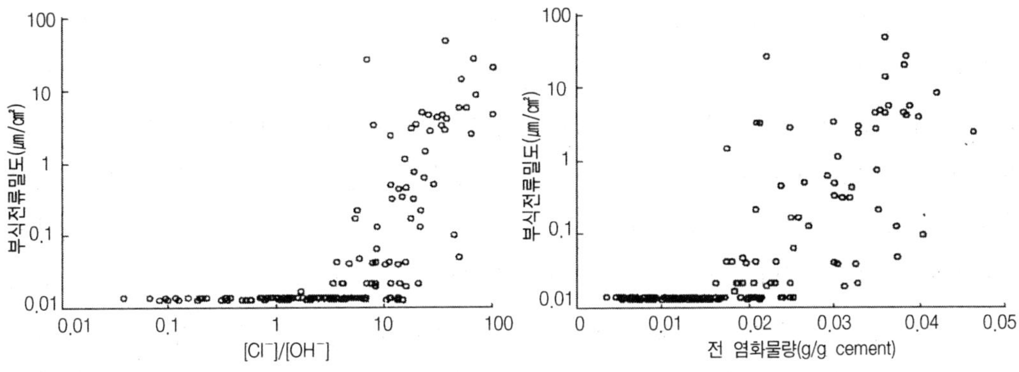

(a) [Cl^-]/[OH^-]와 부식전류밀도 관계 (b) 전 염화물량과 부식전류밀도 관계

그림 2.7 **염소이온량과 부식전류밀도 관계(Lambert et al., 1991)**

한편, Gouda(1970)는 포화 수산화칼슘 용액과 콘크리트에서 철의 부식거동을 조사하여 염소이온을 함유하지 않은 알칼리 용액 내에서 완전한 부동태가 달성된 pH는 11.5 이상이라는 것을 보였고, pH 수준을 Hausmann(1967)의 실험보다 높여 유사한 실험을 한 결과 강재의 부동태막을 파괴시키는 세공 용액 중의 $[Cl^-]/[OH^-]$을 6개의 pH 수준별로 제시하였다(그림 2.6). 이 실험결과에 따르면, pH 11.8~12.1에서 Hausmann(1967)에 의해 제시된 강재의 부동태 파괴 임계치인 0.6에 근접한 수치를 보이고 있지만, pH값이 높아짐에 따라 부동태 피막을 파괴하는 임계치가 큰 폭으로 낮아진다. 실제의 시멘트 경화제 중의 세공 용액의 pH 수준은 12.5 이상이므로 0.6보다는 약 0.3 정도의 값이 임계치로 더욱 적절한 것으로 보인다. 반면 Lambert 등(1991)에 따르면, 실제 콘크리트 내에서는 철근 주위에 접해 있는 시멘트 수화물의 보호작용(bubble effect)으로 인해 임계치가 알칼리 용액에서보다 더 커질 수 있다. 실제 콘크리트 속에 매설된 철근의 활성화 경향을 전기화학적인 방법으로 관찰하여 $[Cl^-]/[OH^-]$이 3 이상에 이르러서야 부식 정도가 급격히 증가함을 알 수 있다(그림 2.7).

2) 탄산화

앞서 서술한 바와 같이 콘크리트 속에서 철근의 부동태 피막이 형성되기 위해서는 알칼리 환경이 유지되어야 한다. 콘크리트는 수화생성물인 $Ca(OH)_2$에 의해 이러한 강알칼리 상태를 이루고 있지만, 대기 중의 이산화탄소(CO_2)가 콘크리트 내부로 침투하면 콘크리트 중의 수산화칼슘이 이산화탄소와 반응하여 탄산칼슘으로 바뀌게 되어 점차 알칼리성을 잃게 된다. 이러한 이산화탄소에 의한 콘크리트의 pH가 낮아져 중성화하는 현상을 탄산화(carbonation)라고 한다. 탄산화가 발생하면 콘크리트는 pH가 8.5~10 정도로 저하되고 탄산화 반응의 생성물로 인해 조직이 다소 무거워지고 치밀해진다. 콘크리트가 탄산화 반응에 의해 중성화하면 철근의 부동태 피막이 파괴되고 철근의 부식속도가 현저히 증가한다.

해수환경에서는 일반적으로 이산화탄소의 침투가 매우 느리고 장기간 이산화탄소에 노출되어도 탄산화 깊이는 약 20~30mm 정도로 제한되는 것이 보통이다. 또 염소이온에 의한 철근 부식은 공식(pitting corrosion)의 형태를 보이는 데 비해 탄산화에 의한 철근 부식은 철근 표면이 전체적으로 거의 균일하게 부식되는 형태(uniform corrosion)로 나타난다. 따라서 탄산화는 염소이온에 의한 철근의 부식과는 보통 구별되어 다루어지는데, 특히 대기오염으로 이산화탄소 농도가 높은 도심에 건설되는 건물, 도로 구조물 등에서 더욱 현저한 탄산화 경향을 나타낸다.

3) 산소

부식반응에는 반드시 수중의 용존산소(dissolved oxygen)가 필요하다. 산소는 부식반응에 있어서 음극반응을 촉진하는 역할을 하고 철의 부식속도를 지배한다. 예를 들면 해수가 철근의 표면까지 침투하여 염소이온이 부동태 피막을 파괴하더라도 산소가 철근 표면에 도달하지 않는 한 철근의 부식은 진행하지 않는다. 해수에서는 산소의 용해도가 작을 뿐만 아니라, 콘크리트의 간극이 물로 차 있기 때문에 산소의 확산속도는 매우 느리다. 이 때문에 해수 중에 연속적으로 침지된 콘크리트 구조물에서는 철근의 부식발생량이 상당히 작은 경우도 보고되고 있다(Lambert et al., 1991). 이에 비해 해수면에 접하는 부분에서는 충분한 산소가 존재하고 건습반복에 의해 염소이온의 농축이 일어나기 때문에 철근의 부식이 가장 심한 것으로 관찰되고 있다. 따라서 콘크리트의 조직을 더욱 치밀하게 하여 산소와 염소이온의 침투를 억제함으로써 부식을 어느 정도 효과적으로 제어할 수 있다. 콘크리트 중에서 산소의 확산속도는 콘크리트의 품질과 피복 두께에 따라 크게 달라진다. 그러나 철근의 부식반응 자체에 대해서는 콘크리트가 산소에 대한 확산저항성을 가지는 효과보다는 철근 표면의 부동태 피막이 산소의 확산을 저지하는 효과가 더 크다고 알려져 있다.

산소의 확산은 철의 부식 속도를 증가시키는 반면에, 부동태 피막이 파괴되기 어려운 환경에서는 산소가 부동태 피막의 약점을 보완하고 산화 피막의 형성과 보호에 기여하기도 한다. 이 때문에 염소이온을 함유하지 않은 콘크리트가 충분한 공기를 함유하고 있을 때 철근의 부식이 억제된다는 연구보고도 있다(오병환 외, 1995).

4) 투수성

철근의 부식은 또한 수분의 존재하에서 진행되기 때문에 콘크리트의 투수성(permeability)은 철근의 부식에 막대한 영향을 미친다. 뿐만 아니라 투수성이란 콘크리트 조직의 치밀성을 나타내는 물성이므로 투수성이 크다는 것은 산소나 이온에 대한 투과성도 크다는 것을 의미한다.

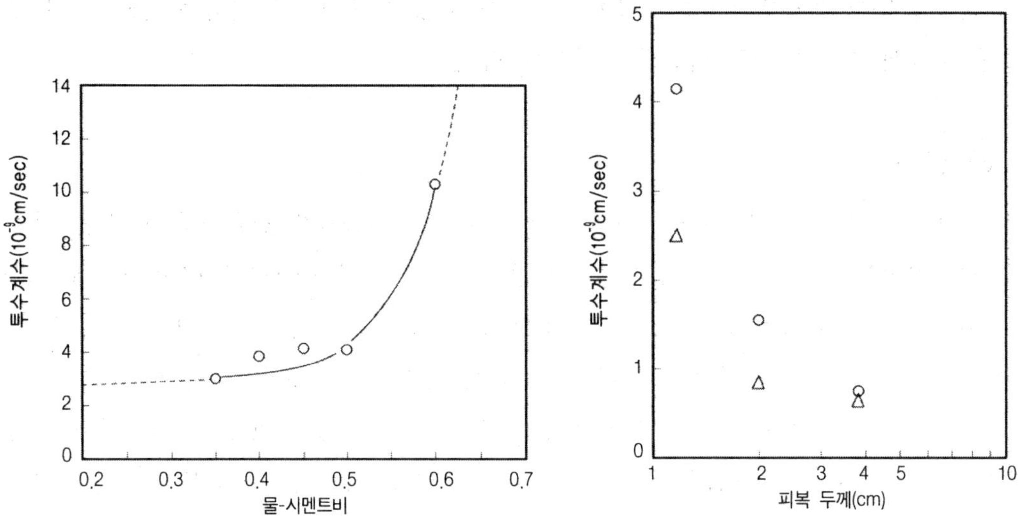

그림 2.8 **물-시멘트비와 피복 두께에 따른 투수계수(김문한 외, 1991)**

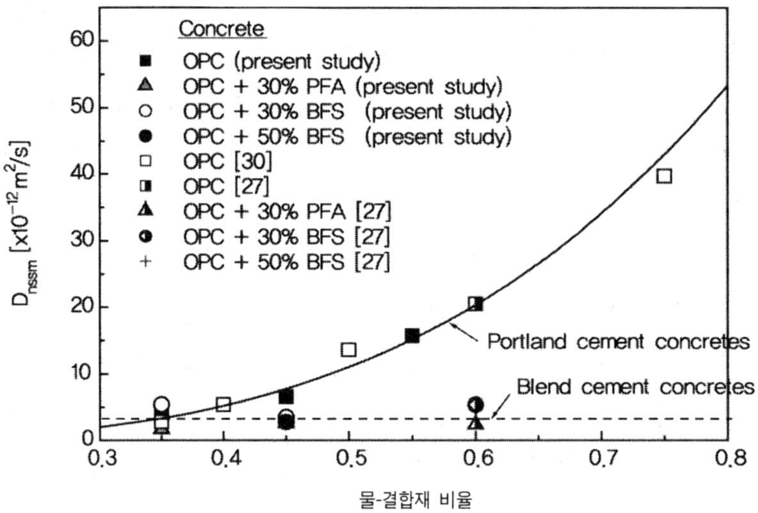

그림 2.9 **물-결합재비와 확산계수(Oh and Jang, 2003)**

투수성은 콘크리트의 품질과 직접적인 상관관계에 있다. 그중에서도 물-시멘트비와의 관계를 살펴보면, 그림 2.8에서 알 수 있듯이 물-시멘트비가 0.6에서 0.5로 감소하면 투수계수는 80% 정도의 수준으로 낮아진다(김문한 외, 1991). 또 그림 2.9에서와 같이 보통 포틀랜드 시멘트를 사용한 경우 물-결합재비가 감소할수록 확산계수 역시 큰 폭으로 감소한다(Oh and Jang, 2003).

또한 투수성과는 다소 의미가 다를 수 있지만, 철근의 피복 두께가 두꺼우면 수분이나 염소이온이 철근에 도달하는 시간이 길어질 뿐 아니라 팽창균열에 대한 저항성도 커지기 때문에 적절한 피복 두께를 확보하는 것이 부식방지를 위한 기본대책이 된다.

5) 매크로셀(macrocell) 전지 작용

콘크리트 내부 또는 외부환경에서 불균일성에 의해 강재 표면에 전위차가 발생하는 경우가 있다. 이와 같은 매크로셀(macrocell) 전지는 양극부와 음극부의 거리가 비교적 멀고 전위차가 크기 때문에 부식속도가 마이크로셀(microcell)에 비해 빠르다. 매크로셀 전지가 형성되는 경우는 다음과 같은 경우가 있다(김문한 외, 1991).

(1) 이종(異種)금속의 접촉 작용

콘크리트 구조물 내에서 서로 다른 종류의 금속이 접촉하고 있으면 양 금속 간에 전지가 구성되어 전위가 낮은 금속이 양극부가 되면서 부식이 발생한다. 따라서 습윤한 환경과 염소이온이 존재하는 경우에는 이종금속의 사용을 피하지 않으면 안 된다. 이종금속 접촉에 의한 전지작용의 크기와 범위는 양 금속간의 전위차, 면적비, 콘크리트의 함수량 및 공극량 등에 좌우되는 것이 보통이다.

(2) 활성-부동태 전지 작용

콘크리트 중에서 콘크리트로 피복되지 않은 상태의 철근이 존재할 때에는 콘크리트로 피복된 철근과의 사이에 활성-부동태 전지라는 부식전지가 형성된다. 이와 같은 전지에서는 400~500mV의 큰 전위차가 발생하기 때문에 피복이 안 된 부분(양극부)에서 철근의 부식이 현저히 촉진된다.

(3) 농담전지 작용

콘크리트 내에서 산소농도 혹은 알칼리 농도가 부분적으로 다를 경우에는 농도가 낮은 부분과 높은 부분의 철근 사이에 농담전지를 형성하여 양극부(농도가 낮은 부분)의 부식이 촉진된다. 이 가운데 산소 농담전지는 기전력이 약 200mV에 달해 콘크리트 중의 철근의 부식에 큰 피해를 주는 것으로 지적되고 있다.

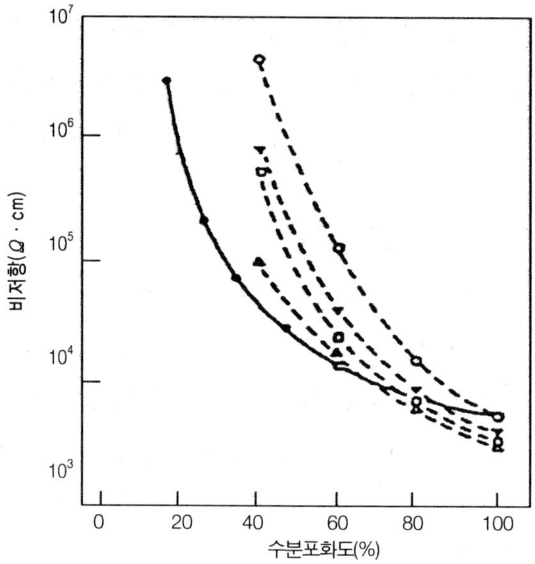

그림 2.10 **콘크리트의 비저항에 미치는 수분포화도의 영향(김문한 외, 1991)**

6) 콘크리트의 함수량 및 비저항

콘크리트의 함수량(moisture content)이 부식에 미치는 중요한 영향은 함수량과 콘크리트의 비저항(또는 전기저항, electrical resistivity)과의 관계로 설명할 수 있다. 그림 2.10에 표시한 것처럼 포화된 콘크리트를 촉진 건조시키면 콘크리트의 비저항은 약 $7\times10^3\Omega\cdot$cm부터 약 $6\times106\Omega\cdot$cm까지 증가한다. 또한 염화나트륨 용액을 사용하여 건습 반복 실험을 실시한 결과, 그림 2.11에서와 같이 건습 반복횟수가 증가하면 비저항이 작아지며 아울러 염소이온의 침투에 의해서도 역시 비저항이 작아질 수 있음을 볼 수 있다. 이처럼 콘크리트의 비저항은 콘크리트의 함수량 이외에도 화학조성, 특히 염소이온 함유량에도 영향을 받는다.

비저항은 부식전류의 크기를 지배하기 때문에 비저항이 커지면 그만큼 부식이 발생하기 어렵게 된다. 실제 관찰에 의하면 비저항이 $50\sim70\times10^3\Omega\cdot$cm를 넘으면 철근의 부식은 거의 무시할 만하다. 다른 연구결과는 콘크리트의 비저항이 $10\sim12\times10^3\Omega\cdot$cm 이상이면 염소이온이 존재하더라도 부식에 의한 콘크리트의 성능저하는 일어나기 어렵다고 지적하고 있다(김문한 외, 1991).

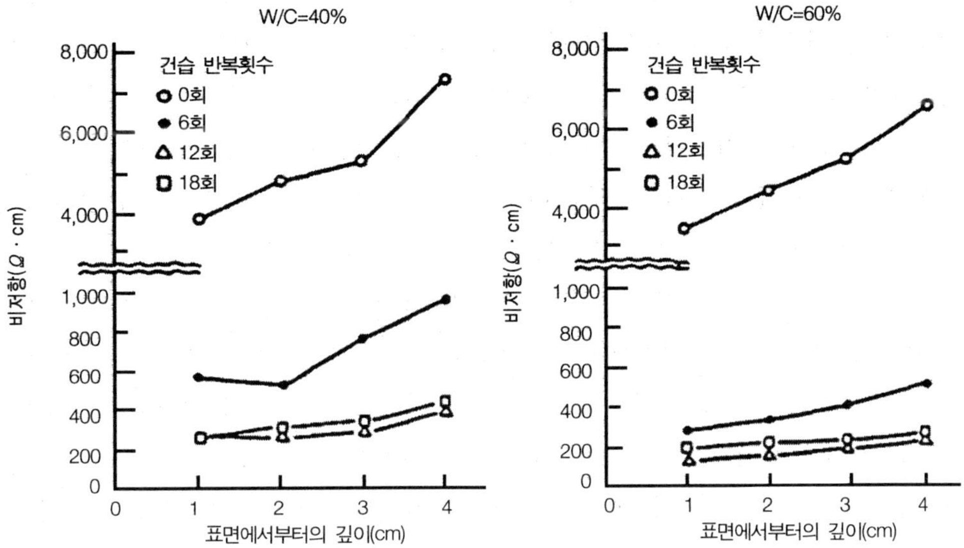

그림 2.11 **표면에서부터의 깊이에 따른 콘크리트의 비저항(김문한 외, 1991)**

7) 미주전류(迷走電流) 부식

전철이나 각종 전기설비로부터 누전된 전류가 콘크리트 중의 철근에 유입되면 전류가 들어오는 위치에서 극심한 부식이 발생하는데, 이와 같은 부식을 미주전류 부식(stray current corrosion)이라고 한다. 염소이온을 함유하지 않은 양질의 콘크리트 내에서는 상당한 미주전류가 철근으로 유입되어도 철근의 부동태가 파괴되지 않기 때문에 전식(電蝕)이 일어나기 어렵다. 담수에 침지한 건전한 콘크리트에서는 3.0A/m² 이하의 전류밀도에서는 철근의 전식이 발생하지 않는다. 해수에 침지한 콘크리트도 약 1.25A/m² 이하의 전류밀도에서는 전식이 생기지 않는다는 연구결과가 있다. 그러나 콘크리트 내부의 염소이온 농도가 증가하면 철근 표면의 부동태 피막이 파괴되고 전식이 일어나기 쉬운 상태가 된다. 또한 전식의 발생면에서는 철근 표면 주위의 pH가 저하하기 때문에 콘크리트에 의한 철근의 보호성(passivity)이 상실되며, 또한 탄산화된 부분의 철근은 쉽게 전식이 일어난다.

8) 응력 부식(stress corrosion)

응력 부식이란 응력과 부식이 동시에 작용하여 두 영향이 개별적으로 작용할 때보다 그 손상 정도가 더욱 커지는 과정을 말한다. 응력을 받고 있는 강재는 부식에 의해 아주 작은 결함이 생기더라도 심각한 인장력의 손실이 발생한다. 또 다른 형태의 응력 부식은 입자 간에 발생하는 부식(inter-granular corrosion)이다. 이는 가스, 특히 수소가스(hydrogen)가 철에 흡수되어 연성 감소와 균열을 유발하는 것이다. 이런 형태의 부식이 어떻게 발생하는지에 대해서는 아직 명확히 밝혀지지 않았으나 철의 결합력(cohesive strength)의 감소와 관련되어 있는 것으로 생각된다.

프리스트레스트 콘크리트에서는 항복점 1,300~1,800MPa의 고장력강으로부터 만든 프리스트레싱 강선 혹은 항복점 800~1,200MPa의 고장력강으로부터 만든 프리스트레싱 강봉이 사용되는데, 프리스트레싱 강선은 그 항복점의 약 85%에 상당하는 응력으로 항상 인장 상태로 유지되어 있기 때문에 특정의 환경에서 응력 부식을 일으키는 수소 액화를 일으킬 가능성이 있기 때문에 주의가 필요하다. 따라서 프리스트레싱 강재의 부식은 보통 철근콘크리트의 철근의 경우보다 중요시되고, 콘크리트 내부에서의 염소이온 허용량도 보통 철근콘크리트의 경우보다 낮은 수치로 제한되고 있다.

제 3 장

신설 구조물 철근 방식공법

3.1 개요

신설 구조물의 설계단계부터 시공에 이르기까지 전 과정 중에 적절하고 경제적인 방식공법 선정 및 설계 그리고 현장 시공은 그 구조물의 생애 동안 최소한의 유지관리 비용으로 최대의 효과를 거둘 수 있는 가장 합리적인 접근 방법이다. 아쉽게도 현재까지의 설계단계에서 주된 패러다임은, 어떻게 하면 가장 적은 비용으로 가장 빨리 구조물을 건설하는가에 주안점을 두고 있다. 그 결과 설계 미비와 부실시공으로 인한 문제들로 인해 공용 중에 발생하는 보수, 보강, 교체에 드는 시간과 비용은 구조물의 소유주와 유지관리 부서에 끊임없는 부담을 주는 결과를 가져온다. 문제가 발생한 후에 설치하는 사후 부식억제 방법들은 사전의 방법들에 비해 시공이 힘들고 비경제적이므로 부식 개시 이전에 부식을 방지하는 것이 훨씬 효율적이다. 특히 고성능 콘크리트는 고강도와 재질이 매우 치밀하다는 장점을 지니고 있으나 배합설계나 시공조건에 매우 민감하기 때문에 균열이 발생할 확률이 더 많다. 과다한 균열은 염분, 물, 산소가 철근에 도달하는 시간을 줄여 철근 부식을 촉진하는 경우가 많기 때문에 지금 사용하고 있는 고성능 콘크리트는 구조물 완공 단계부터 적절한 방식 시스템을 설치하는 것이 바람직하다.

지난 20여 년 간 진행되어 온 연구와 재료개발 덕분에 신설 구조물에 적용이 가능한 철근 방식공법에는 사전 음극방식, 고성능 콘크리트, 내부식성이 향상된 철근, 부식억제제, 수분침투 억제제, 콘크리트 도장, 오버레이(overlay)와 방수 멤브레인(water proofing membrane)이 있다. 이 장에서는 각각의 공법에 대해 알아보도록 한다. 이를 위해 미국부식학회와 콘크리트학회 표준지침서 일부를 인용하였다(NACE international, 2008a; ACI, 2003).

3.2 사전 음극방식(cathodic protection)

철근콘크리트를 보호하기 위하여 콘크리트 표면에 설치하는 음극방식은 가장 확실한 부식억제 효과가 있는 것으로 알려져 있다. 음극방식은 직류 전기(방식전류)를 철 표면에 강제적으로 공급함으로써 철의 전위를 음극 방향으로 변하게 하여 부식속도를 현저히 줄이거나 부식이 일어나지 않게 하는 전기화학적 기법이다. 초기비용이 다른

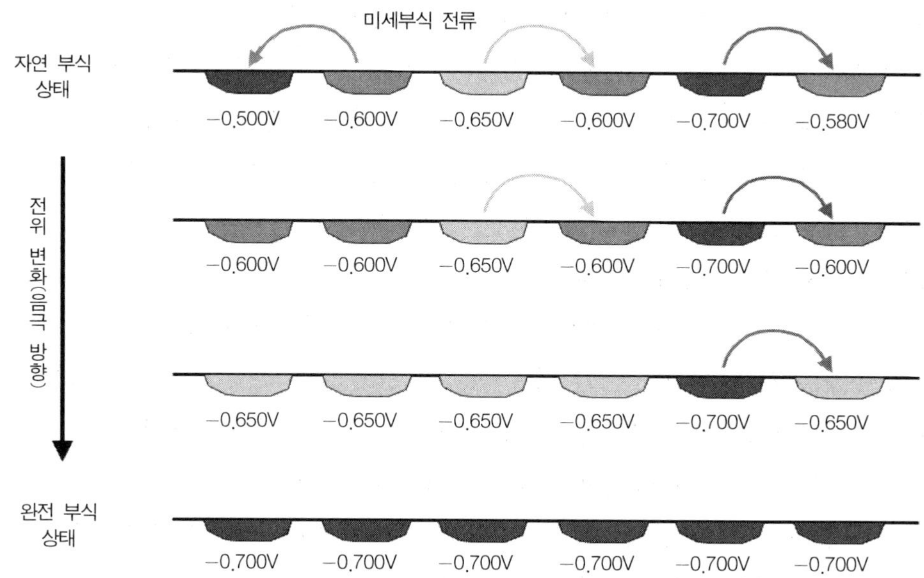

그림 3.1 **점진적인 음극방식 적용에 따른 철근 표면전위 변화 과정**

공법에 비해 많이 들기는 하나 효과적인 방식을 오랜 기간 유지할 수 있기 때문에 생애주기 경비 관점에서는 가장 경제적이다. 그림 3.1은 음극방식을 시작하면서 철근 전위를 음극 방향으로 서서히 내릴 때 철근 표면에 형성되었던 각각의 미세한 부식셀(corrosion micro-cell) 전위들이 서서히 변하며 완전한 방식 상태를 이루는 과정을 보여준다.

음극방식은 직류 정류기를 통해 방식전류를 보내는 외부전원식 음극방식(ICCP, impressed current cathodic protection)과 희생양극과 철근의 전위차를 이용해 방식전류를

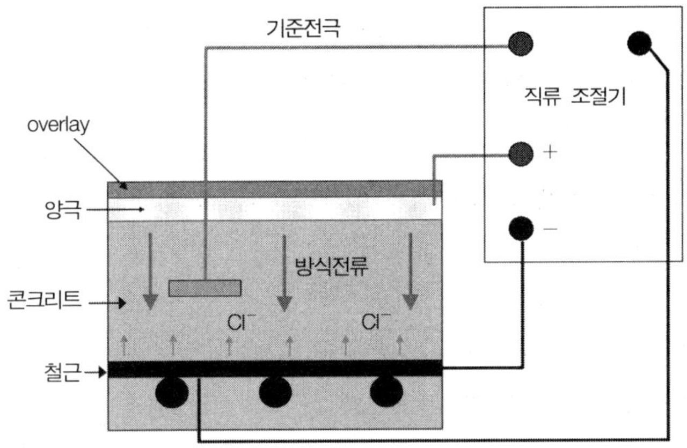

그림 3.2 **외부전원식 음극방식 시스템**

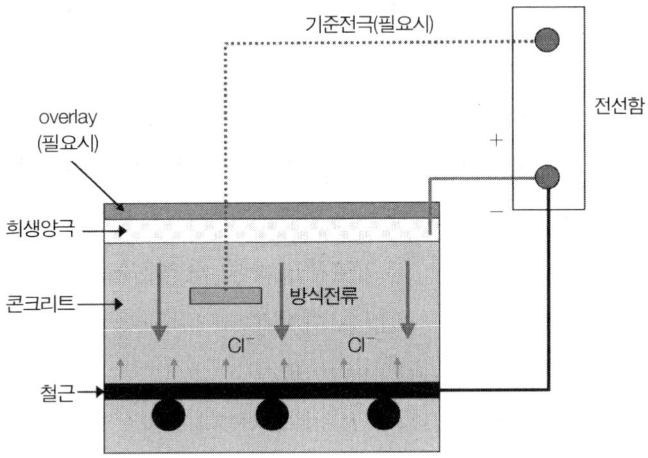

그림 3.3 **희생양극식 음극방식 시스템**

보내는 희생양극식 음극방식(SACP, sacrificial anode cathodic protection)으로 구분할 수 있다. 희생양극에는 아연, 알루미늄, 마그네슘 혹은 그것들의 합금이 사용된다. 그림 3.2와 그림 3.3은 각각 외부전원식 음극방식과 희생양극식 음극방식에 필요한 주요 구성요소를 보여주고 있다. 두 시스템의 가장 큰 차이는 외부전원식은 전원으로 직류 정류기를 필요로 하지만 희생양극식은 직류 정류기가 필요 없다는 점이다. 따라서 두 방식은 시스템 설계, 시공, 관리 방법이 서로 다르다. 하지만 두 가지 방식의 음극방식 모두 모든 철근들이 서로 전기적으로 연결되어 있는지를 콘크리트 타설 전에 반드시 확인해야 한다.

표 3.1에 각 시스템의 장단점을 열거하였다. 음극방식 전문기술자와 상의하여 해당 구조물에 맞는 적합한 음극방식을 선정하고 최적 설계를 해야 한다.

표 3.1 **희생양극식 음극방식법과 외부전원식 음극방식법 비교**

비교 항목	희생양극식(SACP)	외부전원식(ICCP)
외부전원	외부전원 불필요	외부전원 필요
현장 설치 용이성	현장 설치가 용이	현장 설치가 용이하지 않음
유지관리성	유지관리의 불필요	주기적인 유지관리가 반드시 필요
작동 신뢰성	작동 신뢰성이 좋음	작동 신뢰성이 낮음
방식 전류량 조절	방식 전류량 조절 불가	다양한 구조물에도 적용 가능
초기 설치비용	초기 설치비용이 적음	초기 설치비용이 많음
양극 수명	한시적인 양극 수명	상대적으로 양극 수명이 길다

그림 3.2와 그림 3.3 두 그림에서 보듯이 음극방식의 부수적인 효과는 방식전류와 반대의 극성을 갖는 염소이온을 철근 표면으로부터 멀어지게 하여 부식이 진행 중인 철근 표면을 점차적으로 재부동태화(re-passivation) 시키는 것이다. 프리스트레스트 콘크리트 구조물에는 음극방식을 적용하지 않거나, 만에 하나 적용하더라도 희생양극식 공법을 적용하는데, 그 이유는 고강도 7연선(7-wire strand)이 수소와 반응하여 취성화되는 문제(hydrogen embrittlement) 때문이다.

음극방식은 적용 시기에 따라 신설 구조물에 적용하는 사전 음극방식(cathodic prevention, CPrev)과 기존 구조물에 설치하는 사후 음극방식(cathodic protection, CP)으로 나눈다. 현재까지 거의 모든 음극방식은 부식문제가 발생한 후에 적용하는 사후 음극방식이 대세를 이루어 왔으나 최근에 이르러 사전 음극방식에 대한 다음과 같은 장점이 부각되기 시작하였다.

(a) 훨씬 적은 방식 전류로 철근의 부동태를 유지할 수 있기 때문에 사후 음극방식보다 더 효율적인 방식 시스템이다.

(b) 초기부터 방식 전류를 흘려주어 전류 중립성(charge neutrality)을 유지함으로써 외부의 염소이온이 콘크리트 내부로 침투하는 것을 미연에 방지한다.

실제로 그림 3.4는 시드니 오페라 하우스 하부 구조물에 설치된 사전 음극방식 시스템을 보여준다(Cheaitani et al., 2006). 그림 3.4에 포함된 데이터에 따르면 모니터링

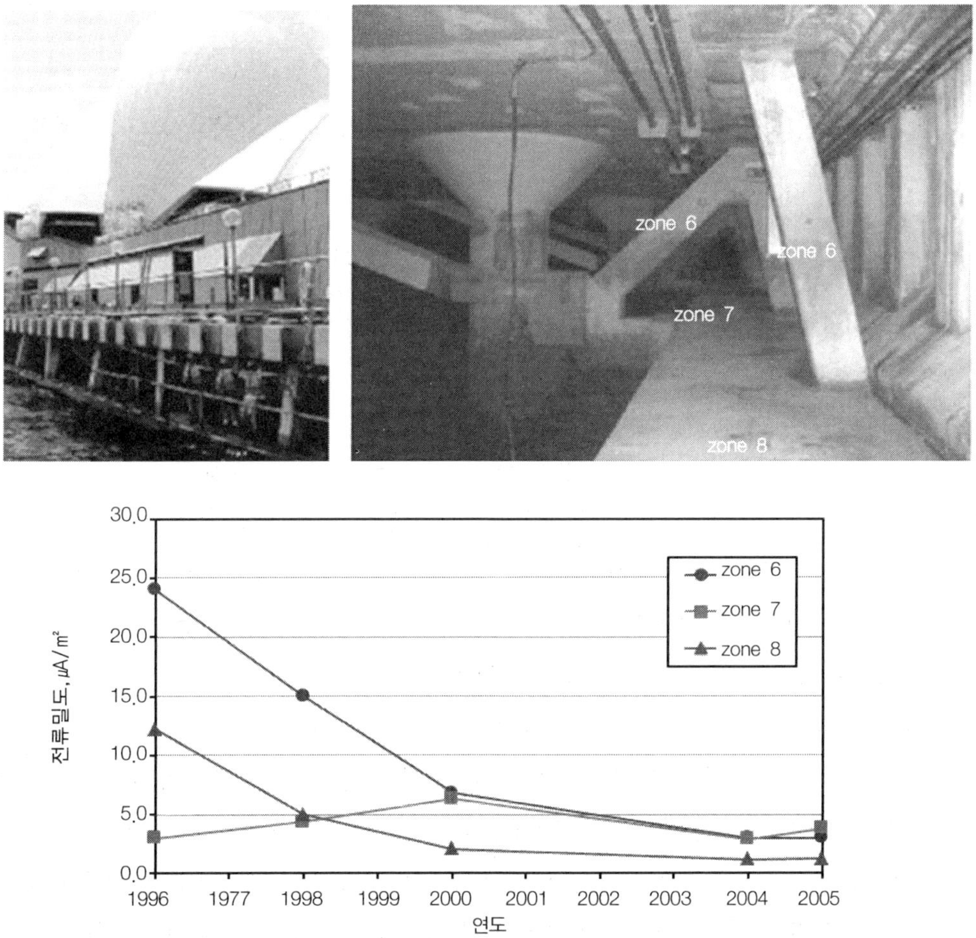

그림 3.4 **시드니 오페라 하우스 사전 음극방식 자료(Cheaitani et al., 2006)**

기간인 10년 동안 방식 전류밀도가 서서히 감소하면서도 충분히 방식하는 것을 확인할 수 있다. ICCP 시스템은 산화막을 입힌 티타늄(mixed metal oxide titanium) 같은 불활성(inert) 양극 재료를 건설 중 콘크리트 타설 전에 미리 설치한다. 이때 두 재료 사이에는 절연성 재료(non-metallic spacer)를 삽입하여 철근과 양극 사이에 단락(short)이 없게 설치하는 것이 대단히 중요하다. 양극과 철근 네트워크 사이가 100% 절연된 것을 확인한 다음에 콘크리트 타설을 한다. SACP 경우에는 구조물이 완공되고 난 후에 구조물 표면에 설치한다. 주로 아연 합금이나 알루미늄 합금을 희생양극으로 사용하는데, 이들 재료들을 콘크리트 내부에 설치하여 사용하면 양극 표면에 부동태막을 형성하여 희생양극 기능이 소멸되기 때문에 이러한 설치 방법은 피해야 한다.

3.3 고성능 콘크리트 사용 및 콘크리트 피복 두께 증가

콘크리트는 철근과 외부노출 환경 사이를 차단하여 부식이 발생하지 않게 하는 1차 방식 시스템이기 때문에 피복 두께는 방식에 매우 중요한 역할을 한다. 피복 두께가 두꺼우면 염소이온이나 이산화탄소가 철근에 도달하는 시간이 길어져 부식 발생 시기가 늦어지게 된다. 하지만 콘크리트 균열이 발생하면 피복 두께가 제공하는 보호막 효과가 감쇄되기 때문에 방식에 있어서 균열 억제 또한 매우 중요한 요소이다. 크리프(creep)와 건조수축(shrinkage), 그리고 온도 변화를 억제하여 부피 변화를 줄이고 다짐(consolidation)과 양생(curing) 규정을 잘 지켜 균열 발생을 최소화 해야 한다. 그러나 무엇보다도 방식에 중요한 것은 치밀한 고성능 콘크리트를 사용하는 것이다. 이를 위해서는 다음과 같은 다양한 혼화제(admixture)를 사용한다.

(a) 물-시멘트비를 많이 줄이는 대신 고성능 감수제(high-range water reducing admixture, HRWRA)를 사용한다. 고성능 감수제는 미세한 시멘트 입자들을 분리시키고 균일하게 분산함으로써 작업성과 유동성을 증진시킨다. ACI 규정들(ACI 201.2R, ACI 211.1, ACI 318)은 염분에 노출될 콘크리트에 대해 물-시멘트비 0.4 이하를 권장하는데, 이럴 경우 작업성과 유동성을 확보하기 위해 반드시 고성능 감수제를 사용해야 한다. 일부 혼화제는 경화지연제(retarding admixture) 역할까

지 한다.

(b) 수밀성(water tightness)을 증가시키기 위해서 플라이애쉬(fly ash), 고로슬래그 미분말(granulated blast furnace slag), 실리카 퓸(silica fume), 메타카올린(meta-kaolin) 같은 포졸란(pozzolan)계의 혼화재를 섞어 사용한다. 이러한 광물성 혼화재는 추가 수화작용을 일으키고 콘크리트 내부에 분포해 있는 미세한 모세공극(capillary pores)을 채움으로써 수분 침투성을 감소시킨다. 하지만 과다한 양의 포졸란을 사용하면 작업성이 저하되고 초기 균열이 증가하는 것 외에도 콘크리트 내 공극수(pore water)의 pH를 낮춰 염소이온 임계 부식 농도(chloride threshold)를 감소시킴으로써 부식 가능성을 높이는 부작용이 있다.

(c) 동결융해 저항성을 증가시키기 위해 공기연행제(air entraining agent)를 사용하는데, 간접적으로는 필요한 혼합수(mixing water)의 양을 줄여 물-시멘트비를 낮추고 수밀성을 높여 방식 기능을 높이는 상승효과도 있다.

(d) 수압이나 모세관 현상으로 물이 침투하는 것을 감소시키기 위해 콘크리트를 배합할 때 발수 혼화제(water repellent admixture)를 사용하기도 한다. 하지만 작업성이 낮아지거나 공기량(entrained air)이 과다하게 증가하는 부작용이 있으므로 주의해서 사용한다.

배합설계와 규정대로 적절히 시공한 고성능 콘크리트를 사용하면 별도의 방식공법 없이도 만족스러운 방식효능이 있는 것으로 연구되었다. 실제로 미국 플로리다 주에서는 해수에 항상 접하는 해상 교량 하부 구조물에 별도의 방식공법 없이 포졸란 혼화제를 포함한 최소 100mm의 피복 두께를 가지는 고성능 콘크리트로 건설하고 있다(Kessler et al., 2003).

3.4 차세대 철근 사용

현재 전 세계에는 아래와 같이 다양한 철근 종류가 생산되고 있어 신설 구조물 사용 조건에 적합한 철근을 선택할 옵션이 많아졌다.

(a) 에폭시수지 도장 철근(epoxy-coated)

(b) 아연-에폭시수지 이중 도장 철근(dual coated epoxy bar)

(c) 스테인리스 강 철근(solid stainless steel bar)

(d) 스테인리스 강 철근은 최소 10.5%의 크롬(Cr)을 가지는 합금을 이용하여 제작한다.

- 304
- 316
- 2205
- 2304

(a) 아연도금 철근(hot dip galvanized bar)

(b) 고강도 합금강 철근(microstructure modified steel)

(c) 기타 저급 스테인리스 강 철근

- 2201
- 3Cr12
- High Mn and low Ni 스테인리스 강 철근

이외에도 일반 철근에 얇은 스테인리스 강을 입힌 스테인리스 강 클래드 철근(stainless steel clad reinforcement)이 두 곳에서 생산되었으나 현재는 생산 중단 상태에 있다. 이들의 내부식성은 기존의 스테인리스 강 철근과 유사하다.

미국연방도로청은 이들 철근의 내부식성 연구를 실시하여 연구보고서를 발행하였다(Hartt et al., 2009; Darwin, 2011). 연구결과에 따르면 철근의 내부식성은 각 철근 재료의 임계 염소이온 농도의 차이에 따라 결정되는데, 스테인리스 강 철근과 코팅 결함이 거의 없는 에폭시 철근이 가장 내부식성이 높았고 그 다음이 2201, 고강도 합금강 철근, 3Cr12, 일반 철근 순이었다.

가장 저렴한 철근은 무방식인 일반 철근이지만 에폭시 철근이 가격 대비 최상의 방식효과가 있어 신설 구조물에서는 에폭시 철근의 사용을 고려하는 것이 바람직하다. 양질의 에폭시 철근을 사용할 경우 적어도 40년 이상의 공용수명 연장이 가능하다고 보고되었다. 다만 에폭시 철근은 피막이 손상된 부분에서의 매크로셀 부식(macrocell corrosion)의 우려가 있으므로 제조, 보관 및 시공 과정에서 에폭시 피막이 손상되지 않도록 세심한 주의가 필요하고, 콘크리트와의 부착력이 저하될 수 있다. 보수가 어

렵거나 불가능한 위치에는 철근 가격이 3~4배 가량 증가하더라도 내부식성이 일반 철근의 10배를 초과하는 스테인리스 철근의 사용을 적극적으로 고려해야 한다. 수명주기비용(life cycle cost) 분석에 따르면 초기 비용이 약간 증가하지만, 구조물 공용수명기간 중에 소요되는 전체 유지관리 및 보수비에 비하면 스테인리스 철근을 사용하는 것이 더 경제적일 수 있다.

3.5 부식억제제(corrosion inhibitors)

철근콘크리트 부식억제제는 철근 표면에 전기화학적·화학적 방법으로 보호막을 형성하여 임계 염소이온 농도를 초과하는 조건에서도 부식 발생 시기를 늦추고 부식이 개시된 후에는 부식속도를 낮추는 역할을 한다. 우리나라에서는 흔히 "방청제" 또는 "방식제"라는 용어가 더 많이 쓰인다. 대표적인 부식억제제로는 아질산칼슘(calcium nitrate)과 아민계(amine-based) 유기질 재료가 사용되고 있다. 이러한 화학첨가제를 신설 구조물에 사용할 때는 콘크리트 타설할 때의 작업성, 공기연행(air entrainment), 그리고 빠른 경화로 인한 문제점을 일으킬 수 있으므로, 사용할 콘크리트 배합설계와의 적합성 및 향후 내구성에 영향을 미칠 인자들을 시공 전에 면밀히 조사해야 한다. 미국 내에서 신설 철근콘크리트 구조물에서 주로 사용하는 부식억제 제품으로는 아질산칼슘 부식억제제(calcium nitrate inhibitor, CNI), FerroGard 901, Rheocrete 222+가 있다. 미국연방도로청과 플로리다 재료연구소는 장기노출 시험을 통해 이들 제품의 방식성능을 평가하였다(Kessler et al., 2003; Paredes et al., 2010). 보고된 결과에 따르면 각각의 부식억제제는 다음과 같은 성능을 보이고 있다.

1) CNI

이는 가장 많이 사용되는 무기질 계열의 부식억제제이다. 수집된 실험데이터에 따르면, CNI를 포함한 시편들이 부식억제제를 포함하지 않은 대조군(control) 콘크리트 시편들에 비해 꾸준히 부식 발생 시기를 늦추는 효과를 보였다. 이러한 긍정적인 효과는 균열을 포함한 시편들에서 더 현저한 경향을 보였다. 결론적으로 비용 대비 효과의 관점에서 보면 CNI를 단독 사용하는 것보다 플라이애쉬나 실리카 퓸 같은 포졸란과 함께 낮은 침투성, 낮은 물-시멘트비를 갖는 콘크리트에 사용하는 것이 더 효과가 크다고 제안하였다.

2) FerroGard 901

FerroGard 901 제품은 일부의 시편들에서 염소이온 침투속도를 낮추어 대조군(control) 시편들에 비해 나은 방식성능을 보였으나 균열을 포함한 시편 집단에서는 방식효과를 보이지 않았다. 또한 현장 폭로 시험 시편 중 2개는 부식 개시 증상을 보였으며, 방식성능과 부식억제제 투입 용량에는 큰 연관이 없었다.

3) Rheocrete 222+

이 제품은 일부 시편 그룹에서는 방식 효능을 보였으나 기타 그룹에서는 대조군(control) 시편과 유사한 거동을 보였다. 이러한 점은 임계 염소이온 농도 증가를 이루지 못한 것이 원인으로 판단된다. 균열을 포함한 시편에서는 다른 부식억제제보다 나은 성능을 보였다. 모든 현장 폭로 시험 시편들도 대조군 시편들과 동일한 부식 개시 증상을 보였다. 이 제품 또한 방식성능과 부식억제제 용량에는 큰 연관이 없었다.

3.6 콘크리트 표면 보호

마지막으로 신설 구조물 방식은 콘크리트 표면에 보호막을 설치하여 유해 열화인자(염소이온, 물, 산소, 탄산가스)를 원천적으로 차단하는 방법을 포함한다. 앞서 다룬 사전 음극방식이나 내부식성이 높은 철근을 사용하는 것에 비해 방식성능이 떨어지고 유한한 수명을 갖기 때문에 표면 재처리와 시스템을 재설치해야 하는 비경제적이라는 단점이 있으나, 초기 비용이 적게 들고 구조물이 완전히 설치된 후 적용하기 때문에 영구적인 공법보다는 많이 사용되고 있다.

표면보호 방법은 콘크리트 표면에 얇은 도장, 두꺼운 차단층 설치 혹은 침투성 방수제를 살포하는 공법이 있는데, 그중 주어진 환경에 가장 적합하고 요구하는 내구성을 고려하여 선택한다. 이러한 공법들의 가장 중요한 점은 설계 단계부터 항상 물이 고이지 않도록 하는 등 세심한 주의를 기울여야 하고 콘크리트 표면 처리를 정확히 해야 한다는 것이다. 이에 못지않게 중요한 마지막 사항은 올바른 시공이다. 아무리 제품 자체가 좋아도 이 세 가지 중 한 가지라도 미흡하면 예상한 내구수명을 확보하지 못할 확률이 매우 높다.

1) 유기질 도막(organic coatings)

이 방법은 미관 확보가 필요하고 콘크리트 균열이 예상되지 않는 부위에 적합하다. 때로는 염해 방지가 필요한 부위에도 적용하고 있으나 효과가 크지 않은 경우도 보고되고 있다. 일반적으로 350μm 이하의 얇은 도막을 뿌려 모재인 콘크리트를 보호하기 때문에 도막의 상태와 설치 당시의 작업환경이 매우 중요한 성능 인자이다. 구체적으로는 도막두께, 도막 내 기포 수 및 크기, 콘크리트 내 수분량(즉 경화 정도), 도막 부착강도, 설치 시 대기온도 및 콘크리트 표면온도, 대기 상대습도 및 이슬점(dew point) 등이 중요하다. 따라서 경험 많은 검사요원의 철저한 품질관리가 매우 중요하다. 일반적으로 콘크리트 표면에 있는 각종 공극을 퍼티(putty)로 메운 다음 유기질 도막을 프라이머(primer), 미드코트(mid-coat)(필요 시 생략), 탑코트(top coat) 순으로 설치한다.

2) 침투성 실러(sealer)

이 방법은 용액 상태인 실러를 경화된 콘크리트 표면에 살포하면 실러가 콘크리트 표면에 침투하여 얇은 보호층을 형성함으로써 부식의 주요 인자인 수분과 수분에 용해된 염소이온이 내부로 침투하지 못하게 하는 것이다. 특히 용액이기 때문에 균열을 타고 균열 내부로 들어가 그 속으로 추가 수분 침투를 저지할 수 있어 미세균열이 다수 형성된 표면에 효능이 있다. 판매되는 제품의 종류와 질에 따라 다양한 성능을 발휘하는 것으로 알려져 있어 제품 선정을 할 때에는 현장 실험을 하여 결정하는 것이 바람직하다.

3) 시멘트계 오버레이(overlays)나 방수 멤브레인(water proofing membrane)

이들은 일반 도막에 비해 상대적으로 두꺼운 시멘트 계열의 오버레이나 방수 멤브레인을 콘크리트 외벽에 설치함으로써 외부로부터 침투하는 수분과 염소이온의 침투를 차단하는 막을 형성한다. 저침투성(낮은 물-시멘트비) 라텍스 개질 콘크리트(latex-modified concrete), 폴리머 콘크리트, 그리고 포졸란 콘크리트를 이용하는 오버레이는 콘크리트 피복 두께가 증가하여 철근을 보호하는 효과를 낸다. 오버레이를 고려할 때는 오버레이 재료와 기존 콘크리트 간의 호환성(즉, 기계적 특성과 부피 변화에 따른 균열 발생 여부)을 검토해야 한다. 부적절한 조합은 오버레이의 균열 발생 및 박탈 같은 조기 열화를 초래해 차단막 기능을 못하게 된다.

방수 멤브레인은 기공이 과다한 콘크리트, 균열 혹은 버그홀(bug hole) 같은 표면결함을 통해 외부 수분이나 수증기가 침투하는 것을 막기 위해 여러 층의 역청(bituminous) 재료로 충전된 펠트(felt)나 콜타르 피치(coal-tar pitch)/아스팔트로 쌓여진 직물 형태로 설치된다. 상온 상태에서 설치하는 방수 멤브레인은 여러 겹의 아스팔트 마스틱(mastic)과 유리섬유, 액상과 쉬트형 탄성체 재질 혹은 고무화 역청질 쉬트(rubberized-bituminous sheet) 등을 사용한다. 고온에서 사용하는 아스팔트나 콜타르 피치는 그들 자체의 지지력이 없기 때문에 온도 변화에 따른 응력을 견디기 위해 섬유나 펠트로 보강해야 한다.

제 4 장 철근 부식의 진단

4.1 개요

철근콘크리트 구조물의 내구성에 가장 영향을 미치는 요인은 철근 부식으로 인한 콘크리트 표면의 열화이다. 따라서 철근콘크리트 구조물의 공용수명은 철근 부식을 얼마만큼 억제하는가가 큰 변수로 작용한다. 정상적인 콘크리트는 콘크리트 내부의 높은 알칼리 특성(pH 13 내외) 때문에 철근 표면에 부동태 피막(passive film)을 형성하게 되고, 이러한 얇은 산화막이 철근 표면을 보호하여 부식 경향이 매우 낮아진다(2장 참조).

그림 4.1은 흔히 Tutti의 모델(Tuutti, 1982)로 알려져 있고 부식 단계에 따른 철근콘크리트 구조물의 열화과정을 개괄적으로 보여 주고 있다. 부식 개시기간(Tcor, time-to-corrosion initiation)은 산소, 물, 염소이온, 탄산가스가 콘크리트 표면에서 철근 깊이까지 도달한 다음 철근 표면에 형성되어 있는 부동태 피막을 손상시켜 부식이 시작되는 시점까지로 정의한다.

이 시기에는 그림 4.1에서 보듯이 부식속도가 매우 낮다. 따라서 이 단계가 구조물의 전체수명 중 가장 오랜 시간이 걸리는 기간으로서 노출환경에 따라 통상 15년에서 30년이 걸리는 것으로 보고되고 있다. 하지만 콘크리트 피복 두께가 얇거나 균열이 많은 경우 혹은 콘크리트 질이 불량한 경우 이 기간이 훨씬 단축될 수가 있다. 일단 부식이 개시되면 부식속도가 증가하게 된다. 제설제에 주기적으로 노출되는 육상조건에서는 빠르면 3년 내지 5년 후에 콘크리트 표면에 철근 부식으로 인한 균열이 나타나기도 한다.

이 시기는 녹물이 배어 나오기도 하나 해수에 접하는 부위는 물에 씻기기 때문에 육안으로 확인할 만한 증거를 보이지 않을 수도 있음을 주의해야 한다. 이 열화 단계에 도달하면 균열을 통해 더 많은 물, 산소, 그리고 이산화탄소 혹은 염소이온이 콘크리트 내부로 침투하기 때문에 부식속도가 더욱 증가하게 되고, 따라서 콘크리트의 열화(균열, 박리, 박탈, 철근단면 손실)가 더욱 진행되어 어느 단계에서는 구조물의 보수가 필요하게 된다. 부식 개시 이후의 단계를 그림 4.1의 Tutti 모델에서는 부식 진행기간(Tpro, time-for-corrosion propagation)이라 정의하고 있다.

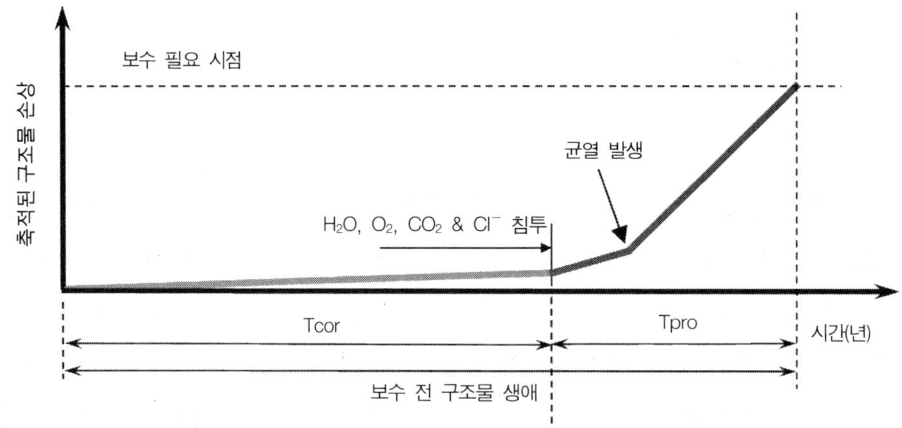

그림 4.1 **철근콘크리트 구조물의 단계별 부식과정(Tutti's Model)(Tuutti, 1982)**

구조물의 철근 부식을 진단하기 위해서는 우선 해당 구조물 관련 정보, 구조물이 노출된 환경과 사용 조건에 대한 정보를 입수하여 검토해야 한다.

(a) 구조물 도면, 철근 배치도, 철근 종류, 설치되어 있는 방식 시스템

(b) 기존의 조사보고서, 보수·보강, 유지관리 기록

(c) 부식속도에 지대한 영향을 미치는 평균 대기온도와 변화 폭

(d) 콘크리트 표면 수분량과 염소이온과 이산화탄소와 같은 유해인자의 침투속도에 영향을 미치는 강수량 및 강설량

(e) 콘크리트 내부응력과 콘크리트 균열 발생에 지대한 영향을 미치는 교통하중, 풍력하중, 파도하중, 지진하중 등
(f) 용존산소량과 콘크리트 저항에 영향을 미치는 수분 접촉기간, 즉 항상 침수되는 부위, 건습작용이 반복적으로 일어나는 부위, 지속적인 수분접촉부위 등
(g) 제설제 사용이나 해수로 인한 염소이온 노출 정도, 대기오염으로 인한 산성비 노출 및 콘크리트 탄산화 여부

철근 부식 진단조사를 통해 부식 발생 원인, 열화면적, 그리고 열화의 정도를 결정한다. 철근 부식의 진행 상태와 이로 인한 콘크리트 열화 정도는 다음에서 설명하는 여러 가지 방법으로 진단할 수 있다(NACE International, 2008b).

4.2 육안조사(visual survey)

육안조사를 수행하는 검사자는 구조물 형상, 규모 및 복잡도(complexity)에 맞는 적정 자격을 갖춘 경험자이어야 하고, 무엇보다도 안전에 관해 철저히 준비해야 한다. 조사 개시 이전에 구조물 관련 도면, 기존의 조사보고서, 적용 중인 방식 시스템, 기타 필요한 시공자료를 검토하고, 구조물이 갖는 중요도와 현재 상태에 대해 충분히 이해한 다음 조사범위와 깊이를 결정한다. 또한 필요한 특수장비나 조사과정에서 특별히 문제가 될 만한 사항들을 사전에 파악하는 것이 중요하다.

구조물은 두 가지 관점에서 조사를 하는데, 재료평가는 육안으로 보이는 결함 정도에 따르고 성능평가는 의도한 기능을 수행할 수 있는지 여부에 따라 실시한다. 천재지변으로 인한 문제점을 제외한 모든 결함(deficiencies)은 재료 혹은 설계·시공 결함으로 기인한다. 녹물 흔적, 균열, 박락(spalling), 표면 스케일링(scaling), 기타 육안으로 확인 가능한 결함들을 자세히 기록하고, 디지털 사진과 현장 스케치를 충분히 활용하는 것이 바람직하다. 박락(spalling)이나 패칭(patching) 면적은 해당 부재의 전체 표면적의 퍼센트(percent)로 계산하여 기록한다. 육안조사를 완료한 후에는 조사결과에 따라 코어 채취, 철근 노출 및 정밀조사, 기타 추가 조사를 추천할 수도 있다. 부식이

의심되는 부위는 수 개소를 선정하여 철근이 360도 완전히 노출될 때까지 콘크리트를 제거한 후 철근 단면손실을 측정한 다음 패칭 모르타르로 보수한다.

4.3 박리조사(delamination survey)

철근 부식이 진전되면서 부식 생성물(녹)이 철근 표면에 쌓이기 시작하는데, 이 물질의 부피는 철근에 비해 6배까지 팽창하게 되어 주변 콘크리트에 후프(hoop) 응력이 작용하고 이로 인해 주변 콘크리트에 균열이 발생하게 된다. 그리고 여러 개의 균열이 합쳐지면서 콘크리트 박리가 발생하게 되고 박리가 심화되면 박락(spalling)으로 발전하는 열화과정을 거치게 된다. 따라서 박리가 발생하면 조기에 찾아 보수하여 심각한 열화를 미연에 방지하는 것이 중요하다. 하지만 박리가 발생한 위치가 너무 깊으면 일반적인 박리조사를 통해서는 파악할 수가 없으므로, 실제 보수공사를 시작했을 때 예상했던 박리면적보다 증가하는 경우도 종종 있음을 유념해야 한다. 박리가 발생한 구역으로 표시된 부위는 도면에 표시하여 전체면적 대비 퍼센트(percent)를 계산한다. 대부분의 박리구역은 일정한 형상이 없기 때문에 다수의 소형 정사각형(일례로 50mm×50mm) 조합으로 취급하여 면적을 계산하여 정확도를 높이는 것이 바람직하다. 박리조사는 콘크리트 표면에서 실시하며, 다음과 같은 방법이 주로 사용된다.

1) 음향법(sounding method)

이 방법은 가장 기초적이고 원시적인 기법이지만 현장에서의 간편성 때문에 아직 가장 많이 사용하는 비파괴 시험 방법이다. 많은 경험을 가진 검사자는 미세한 소리의 차이를 감지하여 매우 정확하게 박리부위를 찾을 수 있다고 알려져 있다. 주로 해머나 체인을 이용하여 콘크리트 표면을 가볍게 타격하여 철근과 콘크리트가 들떠서 발생하는 공허한 소리(hollow sound)가 나는 부위를 체계적으로 표시해 가며 박리된 부위를 찾는다. 교량 바닥판과 같이 평평한 구역은 모래 한 줌을 올려놓고 타격할 때 진동하는 모래입자의 움직임만으로도 박리구역을 찾을 수 있다.

2) 지표 투과 레이더(Ground Penetrating Radar, GPR)

이 방법은 레이더 시그널이 콘크리트에서 박리부위에 충전되어 있는 공기를 통과할 때 발생하는 유전 상수(dielectric constants)의 변화를 감지하여 박리부위를 포착하는 원리를 이용한다. 하지만 레이더 시그널이 콘크리트와 철근 접촉부, 혹은 수분과 염분이 과다하게 퍼져 있는 부위를 지날 때도 유전 상수의 변화를 일으키기 때문에, 정확도를 높이기 위해서는 경험이 많은 전문가가 시그널 분석을 해야 하는 어려움이 있다. 주로 교량 바닥판과 같이 대형구조물을 신속하게 스캔할 때 레이더 안테나를 차량에 부착하여 사용한다.

3) 적외선 열상 탐사(infra-red thermography)

이 방법은 온전한 콘크리트와 박리된 콘크리트 사이에 동일한 열원(heat source)을 적용할 때 발생하는 온도차를 적외선 카메라가 감지하여 박리된 콘크리트 부위를 찾아낸다. 박리된 콘크리트는 건전한 콘크리트보다 빨리 덥고 빨리 식기 때문이다. 따라서 기상 상태가 양호한 아침이나 저녁에 콘크리트가 서서히 덥혀지거나 식을 때 가장 효과적인 것으로 알려져 있다. 아쉽게도 이 방법은 기상 상태와 피조사체에 비추는 태양광 각도의 영향을 많이 받기 때문에 보편화된 측정 방법으로는 사용되지 않고 있다.

4.4 전기 통전도 조사(electrical continuity testing)

이 항목은 구조물 내부에 설치된 철근들이 상호 간에 얼마만큼 전기적으로 연결되어 있는가를 평가하기 위하여 실시한다. 철근 간 저항이 적어야만 추후에 다룰 다른 부식 관련 테스트와 음극방식 적용이 가능하기 때문이다. 만약 철근들이 전기적으로 연결되어 있지 않으면 그 철근들 사이를 인위적으로 연결하여 완벽한 통전상태를 유지하도록 한다.

통전도 조사를 위해서는 약 100m^{2}당 적어도 5개소의 철근을 노출시켜 아래 두 가지 중 한 가지 방법으로 전기 연결 정도를 확인해야 한다. 이를 위해 직류 전위/저항 측정기(0.1mV와 0.1Ω 허용오차), 충분한 길이의 전선줄, 송곳, 철근 표면을 갈 수 있는 줄을 준비한다.

1) 두 지점 철근 간의 직류전위차 측정

우선 가장 멀리 떨어진 두 지점에 노출된 철근 표면을 깨끗하게 처리한 후 두 지점 간에 전선과 전위계를 연결하여 전위 차이를 측정한다. 이때 두 지점 간의 전위차가 1.0mV 이하일 경우에는 두 지점 간에 전기적으로 연결되어 있다고 평가한다.

2) 두 지점 철근 간의 저항차 측정

1)항의 방법과 마찬가지로 가장 멀리 떨어진 두 지점에 노출된 철근 표면을 깨끗하게 처리한 후 두 지점 간에 전선과 저항계를 연결하여 저항 차이를 측정한다. 이때 두 지점 간의 저항차가 1.0Ω 이하일 경우에는 두 지점 간에 전기적으로 연결되어 있다고 평가한다. 만약에 가장 먼 지점 사이의 전기 연결이 확보되지 않은 경우에는 두 지점 중 한 곳을 순차적으로 옮겨가며 전기 연결이 된 구간을 확정하는 것이 필요하다.

4.5 콘크리트 피복 두께 측정

콘크리트 피복 두께는 철근 부식과 긴밀한 관계를 가지고 있기 때문에 매우 중요한 측정 데이터이다. 통상 배터리로 작동하는 커버 미터(cover meter) 혹은 파코미터(pachometer)라 불리는 측정기기를 이용해 측정한다. 센싱 헤드를 콘크리트 표면에서 가장 가까운 철근의 설치 방향으로 평행하게 놓은 후 철근의 수직 방향으로 이동하며 가장 낮은 피복 두께를 찾을 때까지 이동한다. 현재 구입 가능한 커버 미터들은 대부분 최소 75mm 깊이 내의 철근을 ±3mm 오차 내에서 찾을 수 있다. 이 깊이를 초과하는 경우에는 피복 두께의 정확도가 떨어지는 제품이 많다. 현장 사정이 허락한다면 측정 개시 후 여러 곳을 파헤쳐 실제 피복 두께와 측정기기로 잰 값들과 비교하여 사용하고 있는 커버 미터의 정확도를 파악하는 것이 바람직하다.

GPR을 이용해 보다 정확하고 신속하게 측정할 수도 있으나 시그널 분석은 전문지식을 필요로 하기 때문에 이 방법은 아직까지는 보편화 되지 못하고 있다. 적정한 피복 두께 측정횟수는 해당 구조물의 피복 두께 변화 정도에 따라 결정해야 한다. 즉, 피복 두께의 변화가 심할수록 측정횟수를 늘려야 정확한 피복 두께 분포를 알 수 있다.

4.6 전기화학적 측정 방법

1) 부식전위 측정(half-cell potential measurements)

부식전위(corrosion potential)가 철과 같은 금속이 자연 상태(freely corroding condition)에서 부식하려는 열역학적 경향을 나타낸다. 철근의 산화반응 반전지전위(oxidation half-cell potential, $Fe \rightarrow Fe^{2+} + 2e^{-}$)를 황산동(copper-copper sulfate) 같은 기준전극 반전지전위(reference electrode half-cell potential, $CuSO_4 + 2e^{-} \rightarrow Cu + SO_4^{2-}$)에 대비하여 측정한다. 그림 4.2와 같이 철근과 기준전극 사이에는 콘크리트라는 전해질(electrolyte)이 위치하고 두 전극 사이에 최소 10MΩ 이상의 고임피던스 멀티미터(high

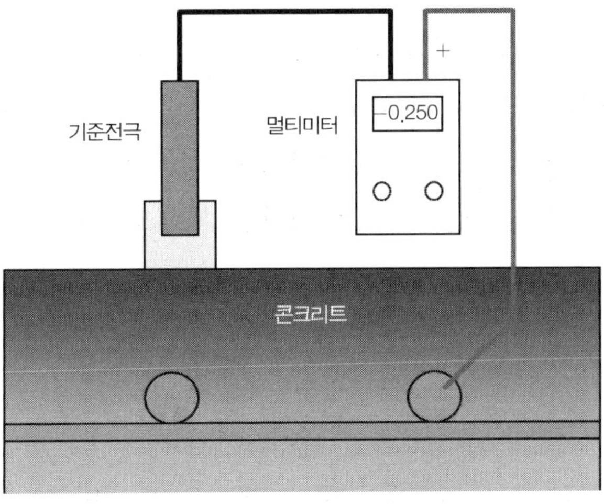

그림 4.2 **부식전위 측정**

impedance multimeter)를 설치하여 철근의 부식전위를 기준전극 대비 측정한다. 철근의 전위는 기준전극에 대한 상대전위이므로 항상 측정에 쓰인 기준전극의 종류를 전위 데이터에 명시해야 한다. 기준전극에는 황산동 전극 외에도 염화은(silver-silver chloride)과 포화 카로멜(saturated calomel) 전극이 많이 쓰인다. ASTM C 876 규정에 의하면 철근전위가 황산동 기준전극에 대비 −0.200V 이상의 값을 나타내면 부식이 일어나지 않을 가능성이 90%이고 −0.350V 이하이면 부식이 일어나고 있을 확률이 90%라고 판단한다.

현장에서는 다음과 같은 순서로 부식전위를 측정한다.

(1) 체계적인 데이터 수집을 위해서는 300mm×300mm 혹은 600mm×600mm 격자 형태(grid system)로 구조물 표면을 구획지어 전위측정을 실시한다. 이때 구조물 형태나 철근배치를 참고로 하여 실제 격자 크기(grid size)를 결정하지만 한 변 길이가 최대 1.5m를 초과하지 않도록 한다.

(2) 기준전극의 팁과 콘크리트 사이의 저항을 낮추기 위해 수분을 충분히 함유한 스펀지를 기준전극 팁에 설치한다. 비눗물을 섞은 물을 측정지점에 미리 살포하고 5~10분이 경과한 후 측정하면 콘크리트의 저항을 낮추어 매우 안정적인 전위값을 얻을 수 있는데, 이 방법은 대기온도가 높을 경우에 특히 효과를 볼 수 있다.

(3) 전위값을 기록할 때 각각의 값이 안정될 때까지 기다려야 한다. 콘크리트가 매우 건조하면 표면을 적신 후 오랜 기간 동안 전위가 계속 변하는 경우가 많은데 이럴 경우에는 일정 기간(3~5분) 후의 값을 기록한다.

(4) 기록된 부식전위 데이터는 등전위 분포도(equi-potential contour map)나 정규분포 통계처리를 하여 구조물 중 부식이 진행되는 구역을 파악한다. 일반적으로 전위차가 100mV 이상 되는 부위는 활발한 부식활동이 일어나는 것으로 판단한다.

2) 부식속도 측정(corrosion rate measurements)

부식 가능 여부는 정성적(qualitative)인 데이터인 부식전위로 판단할 수 있으나 정량적인(quantitative) 부식속도는 알 수가 없다. 이것은 부식속도가 부식환경의 운동학적 특성에 의해 지배되기 때문이다. 일반적으로 금속의 부식속도는 무게 감소(weight loss), 선형분극저항(linear polarization resistance) 혹은 전기화학적 임피던스(electrochemical impedance spectroscopy) 측정 기법으로 측정하는데, 철근 부식의 경우에는 대부분 그림 4.3과 같이 선형분극저항 방법이 쓰인다.

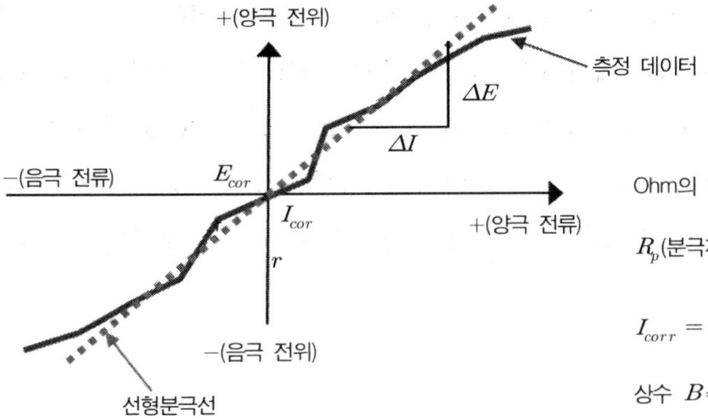

Ohm의 법칙에 의거하여

$$R_p(\text{분극저항}) = \frac{\Delta E}{\Delta I}(\text{기울기})$$

$$I_{corr} = \frac{\beta_A \cdot \beta_B}{2.3 \cdot R_p \cdot (\beta_A + \beta_B)} = \frac{B}{R_p}$$

상수 B=52mV (부식이 진행 중인 상태)

26mV (부동태 상태)

$$\text{부식속도}(I_{corr}) = \frac{\text{부식전류}(I_{corr})}{\text{측정 표면적}(A_s)}$$

그림 4.3 **부식속도 측정**

일반적으로 구조물 부식 전위 데이터를 분석하여 부식이 활발히 진행되고 있는 부위와 그렇지 않은 부위를 분류한 다음 조사목적과 조사규모에 따라 부식속도 측정 개소를 결정한다. 부식이 확실한 부위를 중점적으로 부식속도를 측정하되 부식이 안 되는 수 개소를 대조군(control)으로 삼아 측정한다. 구체적인 측정 위치는 콘크리트 균열 여부, 부식전위 크기, 그리고 피복 두께 등을 고려하여 선택한다.

(1) 우선 측정하고자 하는 철근의 위치를 파악한 후 해당 철근 위 콘크리트 표면에 대응전극과 기준전극을 설치하고 작동전극인 철근에 전선을 연결한다(전기 통전성 조사 과정에서 노출된 철근부위 중 한 곳을 선택).

(2) 측정장비의 작동전극, 대응전극, 기준전극 터미널에 각각 연결한다.

(3) 측정장비 소프트웨어에 시험 파라미터값을 입력한 후 측정을 실시한다. 측정장비마다 측정절차가 다를 수 있으나 대개는 부식전위를 감지한 후 그 전위로부터 ±20mV 미만의 전위를 점진적으로 변화시켜 가면서(통상 −15mV에서 시작하여 약 1mV에서 2mV 간격으로 증가하면서 +15mV에서 종료) 철근으로부터

나오는 전류를 측정한다.

(4) 이렇게 얻은 측정 데이터는 그림 4.3에서 보듯이 전위-전류 그래프를 작성하여 데이터들이 이루는 기울기를 구한다.

(5) 이 기울기가 Ohm의 법칙에 따른 분극저항이다. 분극저항값을 얻은 후에는 그림 4.3에 주어진 공식에 따라 부식전류를 계산하고 예상하는 철근 표면적으로 나누어 부식전류 밀도를 계산하여 부식속도로 사용한다. 부식속도는 μm per year(μmpy), mm per year(mmpy) 혹은 mil per year(mpy)로도 표시한다.

(6) 계산된 부식속도는 예상하는 철근 표면적과 채택한 Tafel 상수값에 따라 많은 편차를 보이기 때문에 부식속도 데이터는 절대값보다는 상대적인 비교에 많이 사용된다.

부식속도를 측정한 부위 중 부식속도의 크기에 따라 수 개의 코어를 채취하거나 철근을 직접 노출하여 전기화학적으로 얻은 데이터값과 실제 철근 상태를 비교하는 것이 바람직하다.

4.7 콘크리트 비저항 측정

이 방법은 그림 4.4에서와 같이 Wenner 4핀 방법을 이용하여 측정한다. 4개의 금속단자를 일정 간격으로 콘크리트 표면에 밀착시킨 후에 C1과 C2 사이에 약 100Hz의 미세한 교류전류를 흘린 후 P1과 P2 사이의 전압강하(voltage drop)를 측정하여 그림 4.4에 주어진 공식으로 콘크리트 비저항을 계산한다. 측정부위에 수분이 침투하거나 염화물이 축적되면 콘크리트의 비저항이 낮아지게 되고 결국 부식환경이 열악해지는 것을 감지할 수 있다. 얻은 비저항값을 분포도(contour map)로 변환하여 부식전위 분포도와 연계하면 부식이 일어날 확률이 높은 부위를 파악할 수 있다.

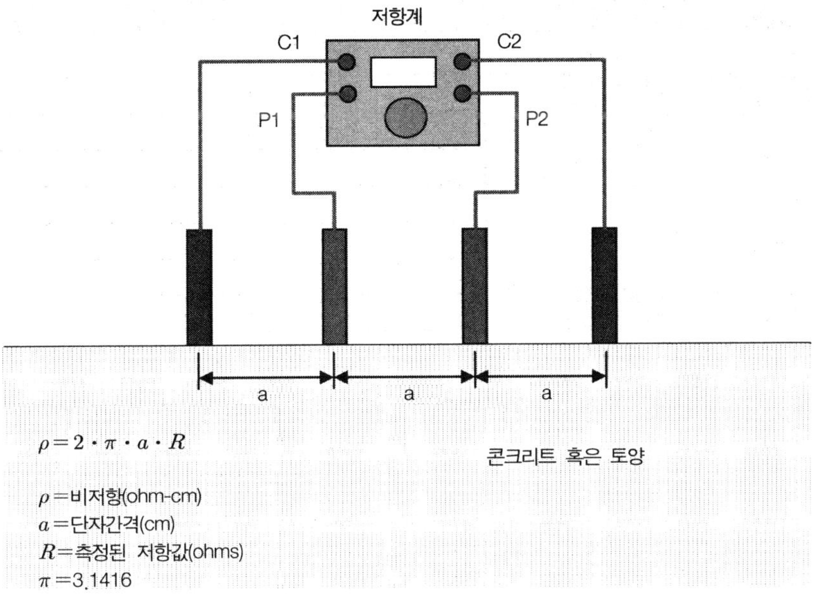

그림 4.4 **콘크리트 비저항 측정**

4.8 염화물 분석(chloride analysis)

염소이온 농도는 철근 부식 여부를 가늠하는 가장 중요한 정보 중의 하나이다. 현재까지는 현장에서 직접 염소이온 농도를 측정할 수 없다. 실험실에서 쓰는 가장 정확한 분석 방법은 질산은(silver nitrate)을 이용한 전위차 적정법(potentiometric titration)이다. 염소이온 농도 분석은 수용성(water-soluble) 또는 산가용성(acid-soluble) 염소이온으로 구분할 수 있는데, 전자는 현재 부식과정에 참여할 수 있는 자유 염소이온 농도(free chloride concentration)에 대한 데이터를 제공하고 후자는 잠재적으로 부식과정에 참여할 수 있는 전 염소이온 농도(total chloride concentration) 데이터를 제공한다. 자세한 방법은 ASTM C 1218(2008)과 ASTM C 1152(2012)에 각각 설명되어 있고 우리나라는 KS F 2715와 KS F 2714에 ASTM과 동일한 시험 방법이 규정되어 있다.

염분량 조사에 필요한 시료는 구조물에서 50~75mm 직경의 코어를 채취하여 실험실에서 절개, 분쇄하여 이용하거나 해머드릴을 이용해 현장에서 직접 수집할 수 있는데 전

DIFFUSION COEFFICIENT ANALYSIS		
AGE 41	BASE CL CONTENT :	
1 VARIABLE ANALYSIS		
Co	3070.00	ppm
Dc	0.004	in2/yr
SS	0	
R^2	0.99	
2 VARIABLE ANALYSIS		
Co	3553.91	ppm
Dc	0.004	in^2/yr
SS	0	
R^2	0.98	

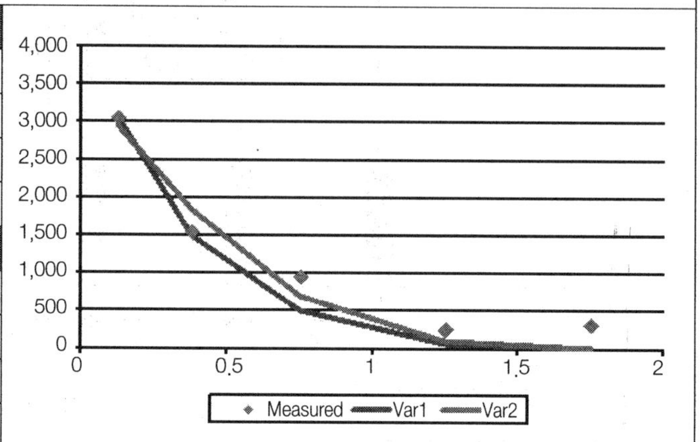

Note : For 1 variable analysis Co is assumed to be the Cl concentration at the top most layer.
Co for 2 variable analysis is estimated by curve fit and is the Cl concentration at the surface.
PCY calcuated assuming concrete unit weight of 3915 pcy.

그림 4.5 **깊이별 염소이온 농도 데이터를 이용한 염소이온 확산계수 계산의 예**

자의 방법이 좀 더 정확한 것으로 알려져 있다. 두 가지 방법 공히 4~5mm 정도 깊이의 시료를 채취하여 각 깊이별 염소이온 농도를 분석한 다음 염소이온 농도 프로파일(chloride concentration profile)을 작성하고, 이를 통해 콘크리트 표면의 염소이온 농도(C_0)를 추정한다. 콘크리트 특성 중의 하나인 염소이온 확산계수(D_c, chloride diffusion coefficient)는 다음과 같이 Fick 제2법칙에 C_0와 구조물 공용연수를 넣어 계산한다. 그림 4.5는 염소이온 농도 프로파일과 염소이온 확산계수 산출의 예를 보여준다.

$$C_{(x,t)} = C_0\left(1 - erf\frac{x}{2\sqrt{D_c t}}\right)$$

여기서, $C_{(x,t)}$ = 일정 깊이(x)와 시간(t)에서의 염분 농도

C_0 = 표면 염소이온 농도 추정값

D_c = 염소이온 확산계수

x = 콘크리트 표면으로부터의 거리

t = 시간

erf = 오차(error) 함수

4.9 콘크리트 탄산화 깊이 측정

콘크리트의 탄산화는 콘크리트 내부의 pH를 감소시켜 철근 표면에 형성된 부동태 막을 파괴함으로써 부식을 유발한다. 이런 이유 때문에 탄산화 테스트는 현장조사의 일환으로 수 개소를 임의로 선택하여 실시한다. 특히 상대습도 60% 내외의 건조한 환경에 노출되면 콘크리트의 탄산화가 더 쉽게 진행된다. 탄산화 시험을 실시하려면 우선 대기 중에 노출되지 않았던 콘크리트 표면을 새로이 노출해야 한다. 이를 위해서는 해머드릴로 새로운 표면을 노출시키는 방법이 가장 쉽고 효과적이다. 이 과정에서 발생한 콘크리트 분말가루를 깨끗이 제거한 후 페놀프탈레인 용액을 노출된 표면에 분사하여 색깔이 어느 깊이까지 변화하는지를 지켜보아야 한다. 또 다른 방법은 그림 4.6에서와 같이 염분조사를 위해 채취한 코어의 일부를 쪼개어 페놀프탈레인 용액을 뿌려 조사할 수도 있다. 사진에 나온 색깔이 분홍색으로 변한 부분은 pH 10 이상으로 탄산화가 일어나지 않았고, 파란 직사각형 안에 포함된 무색을 보이는 깊이까지는 pH가 10 미만으로 탄산화가 진행한 것으로 평가한다.

그림 4.6 **콘크리트 탄산화 실험 결과**

제 5 장 기존 구조물의 철근 부식 보수 및 방식공법

5.1 개요

앞서 3장에서 살펴본 바와 같이 새롭게 콘크리트 구조물을 건설할 때는 철근 부식을 방지할 수 있도록 콘크리트 배합과 피복 두께를 정하고, 필요한 경우 음극방식이나 특수한 철근 혹은 부식억제제를 사용하는 등 적극적인 부식 방지 대책을 수립하는 것이 중요하다.

그러나 과거에는 콘크리트 구조물의 내구성 설계에 대한 개념이 명확히 정립되지 못했기 때문에 충분한 철근 부식 대책이 설계 및 시공 단계에서 이루어지지 못한 경우가 많아 기존 콘크리트 구조물에서의 철근 부식 위험이 그만큼 높다고 볼 수 있다. 특히 최근에는 기후 변화로 인해 제설제의 사용이 점차 증가하고 있어 도로 구조물에서의 철근 부식 위험이 점차 높아지고 있다.

기존 콘크리트 구조물에서 철근 부식이 발생했을 때 철근 부식의 원인과 현상에 기초한 체계적인 보수대책을 수립하는 것이 무엇보다 중요할 것이다. 따라서 이 장에서는 이를 위한 보수공법의 종류와 보수공법 선정 및 보수계획을 수립할 때 주의해야 할 사항에 대해 살펴보고자 한다.

5.2 보수계획의 수립

보수계획의 수립에 있어 먼저 보수의 목표를 정확히 설정해야 한다. 일반적으로 철근 부식에 대한 보수의 목표는 아래와 같다.

- 열화 현상이 진행되고 있는 부분을 건전한 상태로 보수 또는 복구
- 잠재적으로 존재하고 있는 열화 요인을 제거
- 새로운 열화 요인의 침투 억제

즉, 철근 부식이 발생한 부위를 제거하여 건전한 상태로 복구하는 데 그치지 않고 잠재적으로 부식을 유발한 내적·외적 요인을 모두 제거하는 것을 보수의 목표로 설정하는 것이 바람직하다.

보수는 일반적으로 조사·진단→보수 및 보강 여부 판정→보수계획 수립→실행의 순서로 이루어진다. 조사 및 진단의 방법은 앞서 4장에서 설명하였으므로 이 장에서는 진단의 결과로부터 보수·보강 여부를 판정하는 방법에 대해 살펴본다.

보수 혹은 보강 여부는 현재 구조물의 열화된 정도로부터 판단해야 한다. 만약 열화가 경미하여 목표 내구수명을 확보하는 데 문제가 없다면 보수가 불필요할 수도 있지만, 그 정도가 심각하여 주철근의 부식에 의한 단면 손실이 사용성과 극한강도의 저하를 가져 왔다면 열화부에 대한 패칭 보수만으로는 부족하고 구조내력에 대한 보강이 필요할 수도 있다. 그림 5.1은 일반적인 조사·진단 및 보수공사의 절차를 잘 보여주고 있다.

이 절에서는 국내외 지침에서 제시하는 보수 여부의 판정기준과 보수 범위 결정에 관해 소개한다.

1) 일본건축학회 내구성 · 진단 및 보수지침(1997)

일본건축학회(1997)에서 발간된 『철근콘크리트조 건축물의 내구성 조사·진단 및 보수지침(안)·동해설』에서는 다음 표 5.1과 같이 "열화도"를 정의하여 이에 따라 보수 여부와 구조내력 진단 여부를 판단하도록 규정하고 있다.

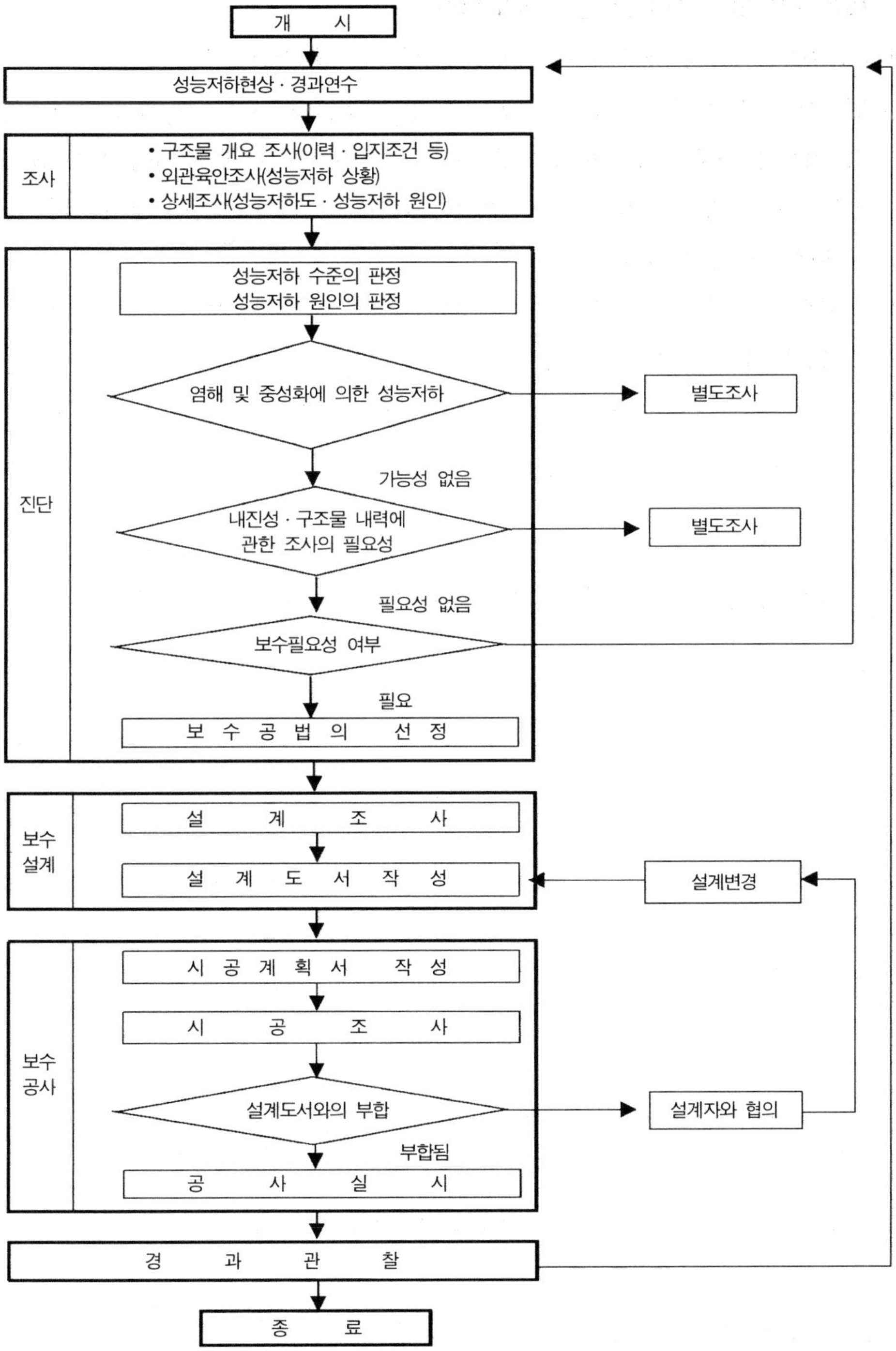

그림 5.1 **조사 · 진단 및 보수공사의 실행절차(김무한 외, 2005)**

○ **보수 여부 및 구조내력진단 여부의 판정**

안전성 확보, 내구성 향상, 기능성 회복이 필요한 경우로서,

(a) 열화도가 중간 정도 또는 심각한 정도인 경우는 보수를 실시한다. 이때 열화도가 심각한 정도인 경우로서 철근 부식이 현저하고 부재 전체에 걸쳐 균열이나 들뜸, 박리·박락이 생긴 경우, 주철근에 현저한 단면 결손이 생긴 경우에는 구조내력 진단을 실시한다.

(b) 열화도가 경미한 정도인 경우는 열화 진행을 예측하여 목표 내구수명에 도달하지 않을 경우 보수를 실시한다.

(c) 기능성 회복을 위한 보수의 경우는 부재에 요구되는 기능에 따라 보수 여부를 판단한다.

표 5.1의 열화도는 염해나 탄산화으로 인한 철근 부식에 의해 구조물의 성능저하 단계를 잠복기, 진전기, 가속기, 열화기의 4단계로 분류하는 그림 5.2와 같은 성능저하모델에 기초하고 있다고 볼 수 있다.

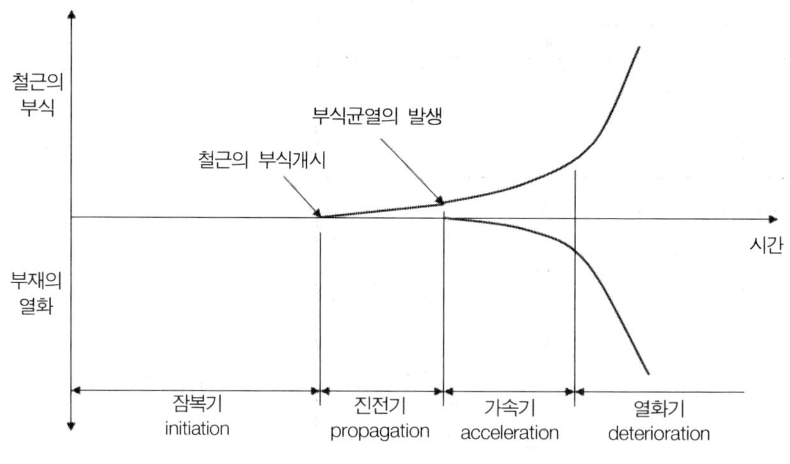

그림 5.2 **철근 부식에 의한 구조물 성능저하모델**

○ **보수공법의 선정**

또 표 5.2와 같이 열화 요인별로 "열화 요인 강도"를 정의하고 있으며, 열화 요인별로 열화도 및 열화 요인 강도에 따라 표 5.3과 같이 보수공법을 적용하도록 규정하고 있다.

표 5.1 **부재별 열화도 판정기준(일본건축학회, 1997)**

열화도	평가기준	
	외관 열화 증상	철근 부식 상황
건전(健全)	뚜렷한 열화 증상이 없는 상태	철근 부식등급 II 이하
경미한 정도 (輕度)	철근에 따라 부식균열은 보이지 않으나 건조수축에 의한 폭 0.3mm 미만의 균열이나 녹물 흔적이 보이는 상태	철근 부식등급 III의 철근이 있음
중간 정도 (中度)	철근 부식에 의한 것으로 추정되는 0.5mm 미만의 균열이 보이는 상태	철근 부식등급 IV의 철근이 있음
심각한 정도 (重度)	철근 부식에 의한 폭 0.5mm 이상의 균열, 들뜸, 콘크리트 박락이 있고 철근이 노출되어 있는 상태	철근 부식등급 V의 철근이 있음 철근 부식등급 V의 철근은 없으나 대다수의 철근의 등급이 IV임

주) 철근 부식등급은 아래 표에 따른다.

등급	평점	평가기준
I	0	부식이 없는 상태 표면에 약간의 점 형태의 부식이 발생한 상태
II	1	표면에 점 형태의 부식이 확대되고 있는 상태
III	2	점 형태의 부식이 연결되어 면 형태의 부식이 발생한 상태 부분적으로 들뜬 녹이 있는 상태
IV	4	들뜬 녹이 확대되어 콘크리트에 녹이 존재 단면적 20% 이하의 결손이 생긴 부분이 존재하는 상태
V	6	두꺼운 들뜬 녹이 존재 단면적 20% 이상의 현저한 결손이 생긴 부분이 존재하는 상태

표 5.2 **열화 요인별 열화 요인 강도(일본건축학회, 1997)**

가) 콘크리트의 탄산화에 의한 열화 요인 강도

열화 요인 강도	탄산화 진행 정도에 의한 분류	
	옥외	옥내
小	철근 표면까지 진행 전 상태 피복 두께 평균값 0.5배 이하	철근의 뒷면까지 진행 전 상태 피복 두께 평균값 0.7배 이하
中	소수의 철근 표면까지 진행 상태 피복 두께 평균값 0.5배 이상 피복 두께 평균값 미만	소수의 철근 뒷면까지 진행 상태 피복 두께 평균값 0.7배 이상 피복 두께 평균값에 20mm를 더한 값 미만
大	반수 이상의 철근 표면까지 진행 피복 두께 평균값 이상	반수 이상의 철근의 뒷면까지 진행 피복 두께 평균값에 20mm 더한 값 이상

나) 콘크리트 중의 염화물 함유량에 의한 열화 요인 강도

열화 요인 강도	철근 위치에서 염소이온량에 의한 분류
小	피복 두께의 위치에서 철근 부식을 유발하는 염화물이온이 존재하지 않음. $0.3kg/m^3$를 초과하고, $0.6kg/m^3$ 이하
中	피복 두께의 위치에서 철근 부식을 유발하는 염화물이온이 부분적으로 존재. $0.6kg/m^3$를 초과하고, $1.2kg/m^3$ 이하
大	피복 두께의 위치에서 철근 부식을 유발하는 염화물이온이 존재함. $1.2kg/m^3$ 이상

다) 콘크리트 표면의 균열에 의한 열화 요인 강도

열화 요인 강도	콘크리트 표면의 균열폭에 의한 분류	
	일반 옥외	열화환경이 심각한 경우
小	철근 부식에 거의 영향을 미치지 않을 정도 균열폭 0.4mm 미만	0.1mm 미만
大	철근 부식에 영향을 미치는 정도 균열폭 0.4mm 이상	0.1mm 이상

표 5.3 **보수공법의 선정(일본토목학회, 1997)**

가) 열화 원인이 탄산화인 경우 보수공법의 선정

열화도	열화 요인 강도		
	小 (탄산화 깊이≦피복 두께)	中 (탄산화 깊이>피복 두께)	大 (탄산화 깊이>피복 두께, 철근 부식 발생)
경미(輕度)	불필요 (피복부족의 경우 탄산화 억제공법 병용)	탄산화 억제공법	탄산화 억제공법
중간(中度)	별도 원인 검토	균열 보수공법 + 탄산화 억제공법	철근 부식 보수공법 + 탄산화 억제공법
심각(重度)	별도 원인 검토	별도 원인 검토	철근 부식 보수공법 + 탄산화 억제공법

나) 열화 원인이 염화물이온인 경우 보수공법

열화도	열화 요인 강도		
	小	中	大
경미(輕度)	불필요 (피복부족의 경우 염해 억제공법 병용)	염해 억제공법	염해 억제공법
중간(中度)	별도 원인 검토	철근 부식 보수공법 + 염해 억제공법	철근 부식 보수공법 + 염해 억제공법
심각(重度)	별도 원인 검토	별도 원인 검토	철근 부식 보수공법 + 염해 억제공법

다) 열화 원인이 균열인 경우 보수공법

열화도	열화 요인 강도	
	小	大
경미(輕度)	불필요 (피복부족의 경우 염해 억제공법 병용)	균열 보수공법
중간(中度)	별도 원인 검토	철근 부식 보수공법
심각(重度)	별도 원인 검토	철근 부식 보수공법

○ 보수 수준의 결정

보수 수준을 결정할 때에는 회복 목표 수준을 고려해야 한다. 『철근콘크리트조 건축물의 내구성 조사·진단 및 보수지침(안)·동해설』에서는 회복 목표 수준을 표 5.4와 같이 세 단계로 정의하고 있다. 구조물의 성능 측면에서는 영구 보수가 가장 바람직하겠지만, 경제성의 측면에서 항상 영구보수가 바람직하다고 볼 수는 없으므로 대상 구조물의 특성과 기능, 중요도, 목표 수명 등을 감안하여 가장 효과적인 보수 수준을 정해야 한다.

표 5.4 **장기 계획에 따른 보수 수준(일본건축학회, 1997)**

목표 보수 수준	내용
Level I(잠정 보수)	조사된 열화부만을 보수하고 향후 열화가 추가로 발생할 때마다 보수
Level II(연명 보수)	조사된 열화부를 보수함과 동시에 열화 요인이 내재되어 있다고 판단되는 부분에 대해 열화 진행을 억제하는 보수를 실시하여 내구수명의 연장을 도모하는 보수
Level III(영구 보수)	조사된 열화부를 보수함과 동시에 잠재적 열화 요인을 모두 제거함으로써 더 이상 보수가 필요 없도록 하는 영구적인 보수

2) 한국시설안전공단 안전점검 및 정밀안전진단 세부지침(2010)

우리나라의 경우 내구성에 관한 보수지침은 따로 마련되어 있지 않지만 한국시설안전공단에서 제정한 "안전점검 및 정밀안전진단 세부지침(2010)"에서 각 구조물 종류별로 균열 등 여러 가지 평가 항목에 대한 상태 조사 결과를 종합적으로 판단하여 보수 여부를 판정하도록 하고 있다. 이 지침에서는 각 상태 조사 항목별로 가중치를 두고 항목별 평가점수를 합산하여 평가하도록 규정하고 있어서 개별 항목별로는 보수 여부를 판단하기는 어렵다.

한편 한국시설안전공단에서 발간된 "시설물 보수·보강방법 및 수준 결정에 관한 연구(2011)"에서는 균열, 박리, 박락, 누수·백태, 탄산화, 염해, 철근 부식 등의 각 항목에 대해 보수여부 판단기준을 표 5.5~5.11과 같이 제시하고 있어 각 항목별로 보수 여부를 판정할 때 참고로 할 수 있다.

표 5.5 **균열 보수 필요성 판단기준(안)(시설안전공단, 2011)**

기준	균열폭(mm)			조치계획	
	구조적 안전성	내구성	방수성		
a	0.1 미만	환경조건별 허용균열폭 w_a 이하 [1]	0.05 이하	보수 불필요	
b	0.1~0.2	0.1~0.2	0.05~0.15	보수 불필요 관찰 요망	
c	0.2~0.3	0.2~0.3	0.15~0.20	보수 필요 관찰 및 관리	
d	0.3~0.5	0.3~0.5	0.20 이상	보수 필요 구조적 검토 필요	구조적 검토에 따른 보강 필요
e	0.5 이상	0.5 이상	–	즉각적인 보수 필요 구조적 검토 필요	

주1) 환경조건별 허용균열폭(w_a)

건조환경 : 0.4mm　　습윤환경 : 0.3mm　　부식성 환경 : 0.2mm

고부식성 환경 : 0.15mm　　수밀성 구조 : 0.1mm

표 5.6 **박리 보수 필요성 판단기준(안)(시설안전공단, 2011)**

기준	평가내용	조치계획
	박리깊이(mm) 및 면적률(%)	
a	–	–
b	0.5 미만, 박리 면적률 10% 미만	보수 불필요
c	0.5~1.0, 박리 면적률 10% 미만	경우에 따라 보수 필요
	0.5 미만, 박리 면적률 10% 이상	
d	1.0~25, 박리 면적률 10% 미만	보수 필요
	0.5~1.0, 박리 면적률 10% 이상	
e	1.0~25, 박리 면적률 10% 이상 25 이상, 굵은골재 손실	즉각적인 보수 필요

표 5.7 **박락 보수 필요성 판단기준(안)(시설안전공단, 2011)**

기준	평가내용	조치계획
	박락깊이(mm) 및 면적률(%)	
a	–	–
b	15 미만, 박락 면적률 10% 미만	보수 불필요
c	15~20, 박락 면적률 10% 미만	보수 필요 관찰 요망
	15 미만, 박락 면적률 10% 이상	
d	20~25, 박락 면적률 10% 미만	보수 필요
	15~20, 박락 면적률 10% 이상	
e	20~25, 박락 면적률 10% 이상 25 이상, 굵은골재 손실	즉각적인 보수 필요 경우에 따라 보강 필요

표 5.8 **누수 · 백태 보수 필요성 판단기준(안)(시설안전공단, 2011)**

기준	평가내용		조치계획
	누수	백태	
a	누수 없음	백태 없음	보수 불필요
b	경미한 누수흔적 (건조한 상태)	면적률 5% 미만	경우에 따라 보수 필요
c	현저한 누수흔적 (습윤한 상태)	면적률 5~10%	보수 필요
d	누수 진행 관찰 가능 (방울방울 떨어짐)	면적률 10~20%	즉각적인 보수 필요
e	누수의 진행이 확연	면적률 20% 이상	즉각적인 보수 필요

표 5.9 **탄산화 보수 필요성 판단기준(안)(시설안전공단, 2011)**

기준	평가내용		조치계획
	탄산화 잔여 깊이(mm)	철근 부식 가능성	
a	30 이상	발생 우려 없음	보수 불필요
b	10~30	향후 발생 가능성	보수 불필요
c	0~10	부식 발생 가능	보수 필요 철근 부식 점검
d	0 미만	철근 부식 발생	즉각적인 보수 및 철근 부식 점검
e	–	–	–

표 5.10 **염해 보수 필요성 판단기준(안)(시설안전공단, 2011)**

기준	평가내용		조치계획
	전염화물 이온량 C (kg/m³)	철근 부식 가능성	
a	C ≤ 0.3	부식 발생 우려 없음	보수 불필요
b	0.3 < C < 1.2	부식 발생 가능성 적음	보수 불필요 관찰 필요
c	1.2 < C < 2.5	부식 발생 가능성 높음	철근 부식 점검에 따른 보수 필요
d	C ≥ 2.5	철근 부식	즉각적인 보수
e	–	–	–

표 5.11 **철근 부식 보수 필요성 판단기준(안)(시설안전공단, 2011)**

기준	평가내용			조치계획
	자연전위 E (mV)	육안관찰	철근 부식	
a	0 초과	10% 이하 공극	약간의 점 녹 발생	보수 불필요
b	−200 < E ≤ 0	10% 이하 공극	광범위한 점 녹 발생	보수 불필요
c	−350 < E ≤ −200	0.4mm 이하로 미세균열	면 녹 발생 부분적 들뜬 녹 발생	경우에 따라 파취 후 보수 관찰 필요
d	−500 < E ≤ −350	0.4~1.0mm 이상 균열	광범위한 들뜬 녹 발생 (20% 미만 단면결손)	파취 후 보수 필요
e	E ≤ −500	3.0mm 이상 균열 및 박리	광범위한 두꺼운 층상 녹 발생(20% 이상 단면결손)	파취 후 즉각적인 보수, 보강 필요

그러나 이와 같은 판정기준이 실용적인 측면에서는 유용하다고 하더라도 실제 보수의 필요성은 기준을 무조건 적용해서 판단해서는 안 되고, 전문가의 판단을 통해 결정하는 것이 바람직하며, 가능하다면 구조물의 잔존 수명과 보수 여부에 따른 전 수명주기비용(life cycle cost, LCC)에 기초하여 판단해야 한다. 구조물의 잔존 수명은 현재의 열화 상태뿐 아니라 열화의 속도와 예측 모델의 불확실성에 근거하여 산정해야 한다(한국콘크리트학회, 2010). 국내에서는 아직 전 수명주기비용에 기초하여 보수공법을 선정하는 것이 일반화되어 있지 않지만 앞으로는 상태 진단 기술과 잔존 내구수명의 예측 기술의 진보와 더불어 전 수명주기비용의 평가를 통한 보수공법의 선정이 점차 일반화되어 갈 것으로 예상된다.

5.3 보수공법과 보수재료

1) 보수공법

열화 요인별 보수공법은 아래와 같이 나눌 수 있다. 여기서는 균열보수와 같은 일반적인 보수공법에 대해서는 상세한 설명은 생략하기로 하고, 철근 부식 보수공법에 대해 좀 더 상세히 다루기로 한다.

(1) 철근 부식 보수공법

철근 부식 보수공법은 철근이 노출되어 있는 부분 또는 균열이 발생한 부분의 콘크리트를 제거한 다음 부식 발생 부위의 녹(rust)을 제거하고 방청제를 도포한 후 단면복구재로 단면을 복원하는 공법이다. 철근 부식 보수공법은 대부분 탄산화 억제 및 염해 억제공법을 함께 시행한다.

철근 부식 보수공법의 가장 첫 번째 단계는 균열이나 손상이 발생한 철근 주변의 콘크리트를 제거하는 것이다. 콘크리트를 제거하는 과정에서 철근이나 프리스트레싱 강재에 추가적인 손상이 가해지지 않도록 주의를 기울여야 한다. 임팩트 브레이커를 사용하면 철근이나 프리스트레싱 강재에 큰 손상을 유발할 수 있으므로, 피복 두께를 측정하는 커버미터나 철근탐지기, 그리고 철근 배근도를 이용하여 대략적인 철근의 위치와 깊이, 크기, 수량 등을 사전에 파악하는 것이 중요하다. 일단 손상 부위의 콘크리트를 제거하고 나면 철근 주변의 콘크리트는 좀 더 작은 치핑 해머를 이용해서 제거하는 것이 좋다. 철근에 진동을 가하거나 다른 방법으로 철근과 주변 콘크리트와의 부착에 손상을 가하지 않도록 해야 하며, 사전 승인 없이 철근을 절단하거나 제거해서는 안 된다. 일반적으로 약하거나 손상을 입은, 그리고 쉽게 부스러지는 콘크리트는 모두 제거해야 한다. 만약 열화된 콘크리트에 아주 일부만 접하는 철근이라면 전체 둘레가 다 노출되도록 할 필요는 없지만, 노출된 철근에 들뜬 녹이 있거나 부착이 잘 이루어지지 않았다면 철근을 지나 약 6mm, 그리고 여기에 더하여 보수재료의 굵은골재 최대치수 이상의 공간을 확보할 때까지 콘크리트를 제거하는 것이 좋다(ACI 546R-04).

콘크리트를 제거한 후에는 철근의 상태를 주의 깊게 조사해야 한다. 철근 부식이 현저한 경우는 손상된 철근을 절단하여 제거하고, 새로운 철근을 용접 또는 기계식 이음을 이용하여 보강하거나 철근을 추가로 설치하여 보강해야 할 수도 있다. 철근을 추가로 설치하는 경우에는 열화된 부위의 철근길이에 시방서에서 규정하는 겹이음길이를 더한 길이 이상을 설치해야 한다. 프리스트레스트 콘크리트에서는 프리스트레싱 강재의 보수를 위해서는 보수 전에 디텐셔닝(de-tensioning)을 실시한 후 보수 후에 다시 재긴장(re-tensioning)을 실시해야 할 수도 있다. 부착텐던이냐 비부착텐던이냐에 따라 구체적인 보수공정이나 방법이 달라진다.

콘크리트 제거 후 철근 표면 검사가 끝난 다음에는 노출된 철근의 표면에 발생한 녹과 모르타르, 기름, 기타 오염물질을 깨끗하게 제거해야 한다. 어느 정도까지 표면의 이물질을 제거해야 하는가는 선택한 보수공법과 보수재료에 따라 달라진다. 와이어 브러시(wire brush)를 이용하여 수작업으로 제거할 수도 있지만, 샌드블라스팅(sand blasting)을 적용하는 것이 더 바람직하다. 일단 표면 클리닝이 완료되고 나면 클리닝 과정에서 발생한 이물질을 에어 컴프레서를 이용하여 제거한다. 이때 에어 컴프레서로부터 기름이 흘러나와 철근 표면에 묻지 않도록 주의해야 한다. 기름을 사용하지 않는 컴프레서나 기름이 새지 않도록 oil trap을 구비한 컴프레서를 사용하는 것이 좋다. 클리닝이 완료되고 나서 보수재료(단면복구재)를 채울 때까지 철근에 추가로 녹이 발생할 수 있다. 만약 녹이 쉽게 제거되지 않는다면 추가 조치는 필요 없다. 하지만 들뜬 녹이 발생해서 보수재료와 철근의 부착이 저하될 가능성이 있다면 추가로 녹을 제거해야 한다. 이를 방지하기 위해 표면 클리닝이 완료된 후 바로 방청제를 도포하는 것이 좋다.

단면복구재를 채워 넣고 굳으면 바탕조정재로 표면을 정리하고 피복이 부족한 부분을 보충한 다음 표면피복재를 시공한다. 바탕조정재나 표면피복재 등에 대해서는 "2) 보수재료"에서 좀 더 자세히 설명하기로 한다.

(2) 탄산화 억제공법

탄산화 억제공법은 콘크리트 표면 피복에 의해 외부로부터의 탄산화 인자의 침입을 막고 탄산화 진행을 억제하는 공법으로 3장에서 설명한 신설 구조물의 방식공법을 동일하게 적용할 수 있다. 그러나 탄산화가 이미 철근 위치까지 도달한 경우에는 표면 피복 외에도 콘크리트에 알칼리액을 함침시켜 알칼리성을 회복시켜 철근 부식을 억제해야 한다. 경우에 따라서는 알칼리성 회복을 위해 전기화학적 재알칼리화(Electro-chemical re-alkalization) 공법을 적용하는 경우도 있다. 전기화학적 재알칼리화 공법은 그림 5.3에 나타낸 바와 같이 전류를 공급하여 알칼리 용액이 콘크리트의 내부 공극으로 들어가게 하여 탄산화된 콘크리트의 알칼리도를 높여주는 공법이다(배수호 외, 2006).

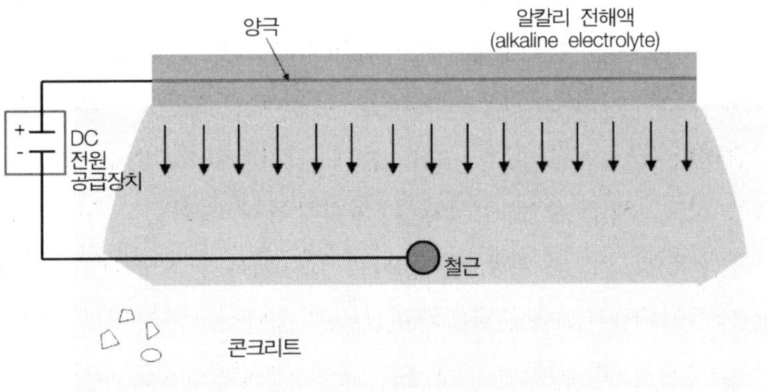

그림 5.3 **전기화학적 재알칼리화 공법의 개념**

(3) 염해 억제공법

염해 억제공법 역시 표면 피복에 의해 외부에서 염소이온의 침입을 막거나 수분이나 산소의 공급을 막아 철근 부식 진행을 억제하는 공법으로 역시 신설 구조물의 방식공법과 거의 동일하다. 그러나 침투한 염소이온의 농도가 높은 경우에는 염소이온을 흡착시켜 불활성화함으로써 철근 부식 진행을 억제해야 한다. 전기화학적 방식공법인 탈염(Electrochemical desalination or chloride extraction)을 적용할 수도 있다. 탈염은 그림 5.4에 나타낸 바와 같이 콘크리트 내부로 침투한 염소이온을 전류를 가하여 제거하는 공법으로 재알칼리화와 동일한 전기화학적 방법이다(배수호 외, 2006).

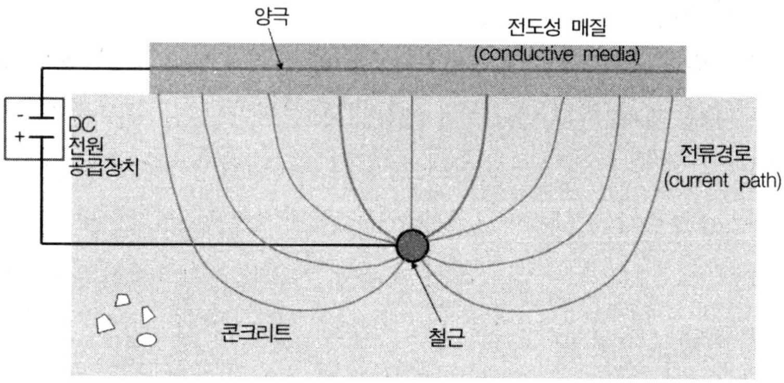

그림 5.4 **전기화학적 탈염 공법의 개념**

(4) 균열 보수공법

균열 보수공법은 일반적으로 수지를 주입하거나 U컷 하고 실링재를 주입하여 균열로의 물, 산소, 부식성 물질의 침입을 막는 공법이다. 전기화학적 방법으로 전착(Electrochemical deposition, or electrodeposition)을 적용하는 경우도 있다. 전착공법은 전기화학적 재알칼리화 공법이나 탈염 등과 함께 전기화학적 방식 공법으로 분류되며 철근을 음극으로 하고, 해수 중에 양극재를 설치하여 전기회로를 구성하고 이 전기회로에 전류를 공급함으로써 해수에 존재하는 칼슘이온과 마그네슘이온을 탄산칼슘($CaCO_3$)과 수산화마그네슘($Mg(OH)_2$)을 주성분으로 하는 무기질로 석출시켜 피복콘크리트에 발생한 균열부를 채움과 동시에 콘크리트 표면을 피복하는 공법이다. 전착공법은 전착물의 내구성이 매우 우수하고 표층부까지 전착물이 침투하여 보호층을 형성해 주기 때문에 투수저항성이 매우 우수하며, 구조물을 사용하면서 보수가 가능하고, 비교적 간단한 설비로 보수를 실시할 수 있으며, 콘크리트뿐 아니라 강재 케이슨 등 다양한 구조물에 적용 가능하다는 장점이 있다(경제운 외, 2006).

2) 보수재료

철근 부식 보수공법은 일반적으로 사용되는 보수재료의 종류와 구성에 따라 구분된다. 구체적인 보수공법은 열화도, 열화 원인, 열화 요인 수준, 열화 진행속도 예측 결과 등을 고려하고, 해당 부재 또는 구조물의 성능과 기능이 설정한 회복 목표 수준에 도달할 수 있는 공법을 선정해야 하고, 보수재료는 용도 및 목적에 적합한 품질을 가진 것으로 선정해야 하고, 적절한 시험 방법, 사용실적 또는 신뢰할 수 있는 자료에 의하여 품질과 성능이 확실히 입증된 것을 사용해야 한다.

보수재료는 주성분에 따라 유기계와 무기계로 분류하고 보수공정에 따라 단면수복재 및 방청처리재 등으로 분류하기도 한다.

(1) 주성분에 따른 분류

콘크리트 구조물의 보수에 사용되는 재료는 주성분에 따라 유기계, 무기계 그리고 유무기계 혼합형으로 구분할 수 있다.

무기계 재료는 시멘트계 재료를 사용하거나 수지에 시멘트를 혼합한 재료를 뜻하며, 대표적으로 가장 많이 사용되는 무기계 보수재료로는 폴리머 시멘트계가 있다. 폴리머 시멘트계 보수재료는 시멘트에 폴리머를 혼합하여 시멘트가 수화하는 과정에서 시멘트 수화물과 폴리머 필름과 결합하면서 견고한 복합체가 형성되어 일반 시멘트 모르타르에 비해 이산화탄소나 염화물 등의 침투에 대한 억제효과를 높일 수 있다. 무기계 재료는 유기계 재료와 비교할 때 바탕 콘크리트와 거의 유사한 열팽창계수와 탄성계수 등 물성을 가진다는 점에서 우수한 장기 성능을 나타낸다. 다만 콘크리트와의 부착성능은 유기계 재료에 비해 떨어지기 때문에 구조내력이 요구되는 경우에는 신구 접착제 등을 사용하여 부착성능을 높일 필요가 있다.

유기계 재료로는 에폭시계, 폴리에스터계, 폴리우레탄계, 고무 아스팔트계 등이 있다(김무한 외, 2005). 유기계 재료 중 가장 일반적으로 사용되는 에폭시수지는 경화제가 가교반응을 통하여 고리 형태의 구조를 3차원의 망상구조로 변화시켜 기계적 특성을 발휘하는 열경화성 수지로, 사용하는 경화제의 종류와 조합 방법에 따라 점도, 가사시간, 경화시간이 달라지고 경화체의 성능이 결정된다. 따라서 사용목적과 대상물의 상태, 작업환경 등에 따라 적절한 경화제를 선택하는 것이 중요하다. 유기계 재료는 주로 콘크리트 균열 보수용 주입재, 강판이나 탄소섬유시트 등의 보강재를 부착할 때 사용되는 접착재로 사용되고, 염해 및 탄산화에 의한 철근 부식을 방지하기 위한 표면피복재로도 널리 사용된다.

(2) 보수공정에 따른 분류

그림 5.5는 철근 부식 보수공법에 사용되는 일반적인 보수재료의 구성을 보여주고 있으며, 각 층별로 사용하는 재료는 표 5.12에 나타낸 바와 같다.

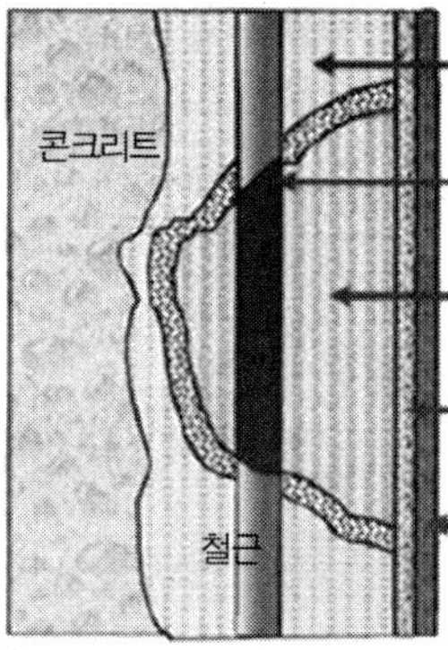

그림 5.5 **일반적인 보수재료의 구성**

(a) 함침재

함침재는 취약해진 콘크리트 면을 강화시키기 위한 목적으로 사용하는 재료로 사용목적에 따라 침투식 방수재, 침투식 알칼리화 재료, 침투식 고화재, 도포형 방청재 등이 사용된다. 앞서 보수공법에서 설명한 바와 같이 열화가 발생하여 취약해진 콘크리트는 모두 제거하는 것이 좋지만 취약한 콘크리트를 모두 제거하는 것이 매우 어렵기 때문에 함침재를 적용하는 경우가 많다. 특히 부재 두께가 얇은 건축물에서는 깨어내기 깊이를 가능한 한 작게 하기 위해 함침재가 유용하게 사용되고 있다.

(b) 방청처리재

방청처리재는 철근 등 강재의 부식을 방지하기 위한 재료인 4장에 다룬 바 있는 부식억제제와 달리 철근 표면에 도포하여 철근 부식을 방지하는 재료이다. 에폭시수지도료(프라이머 포함)나 아크릴수지, 우레탄수지 등 합성수지계와 폴리머 시멘트계 재료가 사용되는데, 합성수지계는 경화가 빠르고 도장작업이 간단한 반면 종류에 따라서는

표 5.12 **보수재료의 종류**

종류	종별	주성분
함침재	침투성 흡수방지재	실리콘계, 실란계, 아크릴계, 변성 폴리에스터수지계 등
	침투성 고화재	무기계 : 규산염, 콜로이드 실리카계 유기계 : 에폭시수지, 아크릴수지, 우레탄수지, 폴리에스터수지
	무기질 침투성 방수재	[시멘트, 규산소다, 수용성실리카, 알루미나, 산화칼슘 등] + [물] 또는 [폴리머 디스퍼전]
	침투성 알칼리성 부여재	규산 리튬계 등
	도포형 방청재	아초산 칼슘계, 아초산 리튬계 등
방청처리재	폴리머 시멘트계 도포	SBR(Styrene Butadiene Rubber)계, 아크릴수지계, 방청제 첨가계 등
	합성수지계 도포재	에폭시, 아크릴, 우레탄계 등 수지프라이머 또는 도료
	녹 전환 도료	인산, 유기산 등을 배합한 도료
단면복구재	폴리머 시멘트 모르타르	SBR, 아크릴수지, 방청제 첨가계 등의 폴리머 시멘트 모르타르
	폴리머 모르타르	에폭시수지 모르타르 등(경량골재 사용)
	시멘트 모르타르 또는 콘크리트	시멘트, 골재, 콘크리트용 혼화제 등을 사용한 보통 모르타르 또는 콘크리트
바탕조정재 (내구성개선재)	폴리머 시멘트 모르타르	SBR계, 아크릴수지계, 방청제 첨가계 등의 폴리머 시멘트 모르타르
	폴리머 모르타르	에폭시수지 모르타르 등의 퍼티재
표면피복재	침투성 흡수방지재	상기의 침투성 흡수방지재와 동일
	도료	아크릴수지계, 아크릴우레탄수지계, 아크릴실리콘수지계, 불소수지계 등의 도료
	건축용 마감도재	시멘트계, 폴리머 시멘트계, 규산질계, 합성수지 에멀션계, 합성수지 용제계 등의 박판 마감도재, 후판 마감도재, 복층 마감도재
	도막방수재	아크릴고무계, 우레탄계 등의 옥상 및 외벽 도막방수재
	성형품	알루미늄 등의 금속 및 GRC 등의 피막 패널, 폴리머 시멘트 모르타르나 폴리머 함침 콘크리트 거푸집 등
균열주입재	에폭시수지 주입재	주입용 에폭시수지, 주입용 가소성 에폭시수지
	시멘트 슬러리 주입재	폴리머 시멘트 슬러리, 초미립 슬래그 시멘트 등
	실링재	실리콘계, 우레탄계, 폴리설파이드계 등
기타	각종 보강재	스테인리스제 앵커볼트, 라스, 섬유 등
	내산 재료	유황 시멘트, 물유리계 등
	내열 재료	알루미나 시멘트, 물유리계 등
	전기방식용 재료	티탄 넷트, 카본 넷트 등의 전극

사용된 경화제에 의해 철근의 부식이 촉진되기도 하는 등 문제점이 대두되어 합성수지계보다는 폴리머 시멘트계 재료가 더 널리 사용되고 있다. 폴리머 시멘트에 사용되는 폴리머로는 SBR계(styrene butadiene rubber)와 PAE계(polyacrylic ester)가 가장 많이 사용되고 있는데, SBR계는 방수성 및 탄산화 저항성이 우수하고 PAE계는 접착성과 시공성이 우수한 것으로 알려져 있다.

표 5.13은 폴리머 시멘트계 방청처리재와 에폭시수지계 방청처리재의 특성을 비교하고 있다(김무한 외, 2005).

표 5.13 **폴리머 시멘트계 방청처리재와 에폭시수지계 방청처리재의 특성 비교(김무한 외, 2005)**

항목	폴리머 시멘트계 방청처리재	에폭시수지계 방청처리재
방청성	도장공법 등에 주의 필요	경화제의 종류에 따라서는 역효과가 나타날 수 있다.
부착성	첨가되는 폴리머의 종류와 혼입량에 따라 약간 다르다.	수지의 효과에 의한 것으로 폴리머 시멘트계에 비해 크다.
방수성	상동	상동
차염성	상동	상동
내화 · 내열성	콘크리트와 같은 정도이나 폴리머의 혼입량이 많게 되면 내화성이 낮아진다.	온도가 높아질수록 변형하기 쉽다.

(c) 단면복구재

단면복구재로는 프리팩트 콘크리트(pre-packed, preplaced aggregate concrete)나 드라이 숏크리트 공법을 이용한 폴리머 시멘트계 모르타르가 많이 사용된다. 프리팩트 콘크리트용으로는 무수축형 유동화 시멘트 슬러리, 드라이 숏크리트용으로는 속경 조강형 숏크리트가 각각 사용되고 있다.

단면복구재로 사용되는 폴리머 시멘트계 모르타르의 폴리머 종류는 방청처리재의 경우와 마찬가지로 SBR계와 PAE계가 대부분이며, 폴리머 종류에 따른 특성도 방청처리재와 거의 유사하여 모두 실용상의 문제가 없다.

표 5.14 폴리머 시멘트 모르타르계와 에폭시수지 모르타르계 단면복구재 특성 비교

항목	폴리머 시멘트 모르타르계 단면복구재	에폭시수지 모르타르계 단면복구재
시공성	독성은 없고, 시공기구의 세척이 간단하고, 습윤면의 시공도 간단하며, 한번에 두껍게 바를 수 없기 때문에 결손이 큰 때에는 공정이 길어지게 된다.	경량골재 형식이면 한번에 두껍게 바를 수 있고 공정이 짧게 된다. 경화재에 약간의 독성이 있는 것도 시공기구의 세척도 어렵다.
경화성	보통 형식의 것은 약간 경화가 늦고 공기가 길어지게 된다. 단 조강형식의 것도 있다.	일반적으로 빠르고 경화재의 종류에 의해 경화속도를 조정할 수 있다. 단, 온도 의존성이 높고 저온 시에 경화하기 어려운 것도 있다.
각종 강도	콘크리트와 같은 정도	일반적으로 콘크리트보다 약간 크다. 특히 인장, 휨강도가 우수하다.
부착성	콘크리트와 같은 정도	일반적으로 콘크리트보다 약간 작고 변형하기 쉽다. 단, 조정은 가능
부착성	양호하나 첨가되는 폴리머의 종류에 따라 약간 다르다.	수지의 효과에 의한 것으로 폴리머 시멘트 모르타르계에 비하여 매우 큰 부착성능을 지닌다.
방수성	상동	일반적으로 양호하나 골재의 입도배열에 따라 저하될 수도 있다.
차염성	상동	상동
가스투과성	상동	상동
내화 · 내열성	콘크리트와 같은 정도이나 폴리머의 혼입량이 많게 되면 내화성이 낮아진다.	온도가 높아지면 변형이 일어난다.

(d) 바탕조정재

바탕조정재는 기본적으로 표면을 정리하고 피복이 부족한 부분을 보충하기 위해 사용하지만, 추가로 보호층을 형성하여 내구성을 개선하기 위한 목적으로도 사용된다. 바탕조정재로는 단면복구재와 마찬가지로 폴리머 시멘트계나 합성수지계가 사용된다.

(e) 표면피복재

표면피복재는 구조물 구체를 보호하고 내구성을 향상시키는 것 외에 미관을 회복하기 위한 목적으로 사용한다. 표면피복재로는 침투식 방수재, 도료, 건축마감도재, 도막방수재가 있고 패널 등의 성형품 등이 사용되기도 한다. 도료는 방수기능을 가지기 때문에 산소나 물의 침투를 방지하지만 염분을 함유하고 있는 도료는 콘크리트 보수용으로 사용해서는 안 된다(김무한 외, 2005).

(f) 균열주입재

균열주입재로는 에폭시수지가 일반적으로 사용되나 습윤면에서는 접착성이 약화되는 점, 경제성에서 불리한 점, 내화 내열성이 낮은 점, 구조체와의 강도차 등이 문제점으로 지적된다(김무한 외, 2005). 대안으로 폴리머 시멘트 슬러리가 사용되기도 한다. 폴리머 시멘트 슬러리는 보통 시멘트를 기초로 한 것과 초미립 시멘트를 베이스로 한 것이 있는데, 보통 시멘트를 기초로 한 폴리머 시멘트 슬러리는 비교적 큰 들뜸 부위의 주입에 사용된다.

참고문헌

■ 2장

1) 김문한 외(1991), 해사활용기술연구(I), 신주택기술개발 연구보고서, 연구 91-14, 서울대학교, 한국주택공사 주택연구소, 과학기술처.
2) 오병환 외(1995), 구조물 염해대책 특별연구 보고서, 서울대학교 공학연구소, 신공항건설공단.
3) 한국콘크리트학회(2011), 해양콘크리트의 염해 내구성 설계, 콘크리트 실무지침
4) Oh, B.H. and Jang, S.Y.(2003) Prediction of diffusivity of concrete based on simple analytic equations, Cement and Concrete Research, 24, pp.463~480.
5) ASTM C 876-91(1999) Standard Test Method for Half-Cell Potentials of Uncoated Reinforcing Steel in concrete, American Society for Testing and Materials(ASTM) International.
6) Gouda, V. K.(1970) Corrosion and corrosion inhibition of reinforcing steel, I. Immersed in alkaline solutions. Br Corrosion J., 5, pp.198~203.
7) Haussmann, D. A.(1967) Steel corrosion in concrete. How does it occur?, Journal of Material Protection, pp.19~23.
8) Kropp, J. and Hilsdorf, H.K.(1995). Performance criteria for concrete durability. RILEM report 12, RILEM, E&FN SPON, London.
9) KS F 2712 콘크리트 내부철근의 반전지전위 시험방법
10) Lambert, P., Page, C.L. and Vassie, P. R. W.(1991) Investigation of reinforcement corrosion. 2. Electrochemical monitoring of steel in chloride contaminated concrete, Materials and Structures, 24, pp.351~358.
11) Poubaix, M.(1976), Atlas of electrochemical equilibrium in aqueous solution, Pergamon Press Limited, London.

■ 3장

1) American Concrete Institute(2003), Design and construction practices to mitigate corrosion of reinforcement in concrete structures, ACI Committee 222, ACI 222.3R-03.
2) American Concrete Institute(2008), Guide to durable concrete, ACI Committee 222, ACI 201.2R-08.

3) American Concrete Institute(1991, reapproved 2009), Standard practice for selecting proportions for normal, heavyweight, and mass concrete, ACI 211.1-91.

4) American Concrete Institute(2011), Building code requirements for structural concrete, ACI Committee 318, ACI 318-11

5) Cheaitani, A., Pedeferri, P., Bazzoni, B. Karajayli, P. and Dick, R.(2006) "Performance of cathodic prevention system of Sydney Opera House underbroadwalk after 10 years of operation", NACE International Conference Paper #60342.

6) Darwin, D., Browning, J., O'Reilly, M., Locke Jr., C. and Virmani, P.(2011) Multiple corrosion-protection systems for reinforced concrete bridge components, Federal Highway Administration, FHWA-HRT-11-060.

7) Hartt, W., Powers, R., Francisco, D., Marino, P., Paredes, M. Simmons, R., Yu, H., Himiob, R. and Virmani, P.(2009) Corrosion resistant alloys for reinforced concrete, Federal Highway Administration, FHWA-HRT-09-020, May 2009.

8) Kessler, R., Powers, R., Cerlanek, W. and Sagues, A.(2003) Corrosion inhibitors in concrete, NACE International Conference Paper No. 03288, Houston, TX.

9) National Association of Corrosion Engineers(NACE) International(2008a), Standard practice for design considerations for corrosion control of reinforcing steel in concrete, NACE International SP 0187-20088.

10) Paredes, M., Carvallo, A., Kessler, R., Virmani, P. and Sagues, A.(2010) Corrosion inhibitors in concrete, Second Interim Report, Florida Department of Transportation State Materials Office, FL/DOT/SMO/10-531.

■ 4장

1) ASTM C 1152-04(2012), Standard test method for acid-soluble chloride in mortar and concrete, American Society for Testing and Materials(ASTM) International, Vol. 04.02.

2) ASTM C 1218-99(2008) Standard test method for water-soluble chloride in mortar and concrete, American Society for Testing and Materials(ASTM) International, Vol. 04.02.

3) KS F 2714 모르타르 및 콘크리트의 산-가용성 염화물 시험방법

4) KS F 2715 모르타르 및 콘크리트의 수용성 염화물 시험방법

5) National Association of Corrosion Engineers(NACE) International(2008b) Standard practice for inspection methods for corrosion evaluation of conventionally reinforced concrete structures, NACE International SP 0308-2008.

6) Tuutti, K.(1982) Corrosion of steel in concrete. CBI Report No. 4-82, Swedish Cement and Concrete Research Institute(CBI), Stockholm, Sweden.

■ 5장

1) ACI 546R-04 (2004) Concrete repair guide, Manual of Concrete Practice, American Concrete Institute.

2) 경제운 · 태성호 · 장승엽(2006), 전착공법의 적용, 한국콘크리트학회지, 18(5), pp.41~46.

3) 김무한 외(2005), 염해 및 중성화 피해를 입은 콘크리트구조물의 내구성 회복을 위한 보수공법 시스템 개발 및 실용화 방안, 건설교통부 2001년 산학연 공동연구개발사업 보고서, 충남대학교

4) 배수호 · 이광명 · 조창근(2006), 탈염 및 재알칼리화 공법의 적용, 한국콘크리트학회지, 18(5), pp.34~40.

5) 국토교통부, 안전점검 및 정밀안전진단 세부지침(2010), 한국시설안전공단

6) 오광진 외(2011), 시설물 보수보강방법 및 수준 결정에 관한 연구, 연구보고서, 한국시설안전공단

7) 日本建築學會(1997), 鐵筋コンクリート造建築物の耐久性調査·診斷および補修指針(案) · 同解說

8) 정해문 · 안태송 · 김홍삼 · 한복규(2006), 전기화학적 방식 공법의 현황 및 전망, 한국콘크리트학회지, 18(5), pp.16~22.

9) 한국콘크리트학회(2010), 해양 콘크리트의 염해 내구성 및 설계, KCI 실무매뉴얼, KCI-203 특수환경콘크리트위원회

콘크리트 실무지침

콘크리트 구조물의 철근 부식 진단과 방지 대책

2014년 12월 25일 1판 1쇄 인쇄
2014년 12월 30일 1판 1쇄 발행

관리주체 사단법인 한국콘크리트학회
서울특별시 강남구 테헤란로 7길 22
한국과학기술회관 신관 1009호
TEL. 02)568-5984~7
FAX. 02)568-1918

출판보급처 기 문 당
서울시 성동구 무학봉 28길 4-1
TEL. 02)2295-6171(代)~5
FAX. 02)2296-8188

출판등록 1976. 10. 7 (1-44)

홈페이지 http : // 기문당
http : // www.kimoondang.com

I S B N 978-89-6225-678-9 93530

정 가 9,000원